高维数据分析中的张量学习理论与算法研究

邓小武　著

中国纺织出版社有限公司

内 容 提 要

现实世界中许多数据以复杂高维形式呈现，数据包含非常多的属性或特征，对传统的机器学习是巨大的挑战。为此，本书展开了张量理论、算法及其应用研究。本书首先系统地介绍了张量理论的一些基本概念、基本操作、经典张量分解以及经典张量算法，其次讨论了支持张量数据描述和核支持张量数据描述、OCSTuM 和 GA-OCSTuM 方法、极限张量学习算法、核支持张量环机，最后对该领域未来的发展应用前景做了总结与展望。

图书在版编目（CIP）数据

高维数据分析中的张量学习理论与算法研究 / 邓小武著 . -- 北京 : 中国纺织出版社有限公司，2022.12

ISBN 978-7-5229-0107-7

Ⅰ . ①高… Ⅱ . ①邓… Ⅲ . ①统计数据－统计分析－张量分析②统计数据－统计分析－算法分析 Ⅳ . ① O212.1

中国版本图书馆 CIP 数据核字 (2022) 第 222866 号

责任编辑：赵晓红　　责任校对：高　涵　　责任印制：储志伟

中国纺织出版社有限公司出版发行

地址：北京市朝阳区百子湾东里 A407 号楼　邮政编码：100124

销售电话：010—67004422　传真：010—87155801

http://www.c-textilep.com

中国纺织出版社天猫旗舰店

官方微博 http://weibo.com/2119887771

天津千鹤文化传播有限公司印刷　各地新华书店经销

2022 年 12 月第 1 版第 1 次印刷

开本：710 × 1000　1/16　印张：13

字数：165 千字　定价：99.90 元

前 言

随着互联网、移动互联网、物联网的普及和存储与通信技术的迅速发展，人们获取的数据量越来越大，这些数据具有巨大的潜在价值，已经成为人类社会发展的重要经济资产。机器学习从海量数据集中建立模型或者发现知识，为数据分析与数据挖掘提供了算法和技术支持，因此，机器学习作为探测数据价值的关键手段，在大数据研究中占据着极其重要的地位。现实世界中许多数据以复杂高维形式呈现，包含非常多的属性或特征，对传统的机器学习来说是巨大的挑战。本书具体进行了以下几方面研究：

第一，提出了支持张量描述和核支持张量描述，并将其用于感知张量数据的异常检测。将支持向量描述算法扩展到张量空间，构成支持张量描述算法。它能直接处理张量数据，不需要将张量数据展开成向量数据，从而保持原始数据的内部结构和数据间关联关系，避免“维数灾难”问题。通过张量的 CP 分解和内积，求解出支持张量描述的核函数，核函数取代张量内积，形成核支持张量数据描述，并设计了用于感知张量数据异常检测的算法，能有效地提高检测性能。

第二，提出了 OCSTuM（张量 Tucker 学习机）和 GA-OCSTuM 方法，并将其用于传感器数据的异常检测。CP 分解方法需要评估秩来逼近原始张量，使用 Tucker 分解能获得更精确的张量分解，而且 Tucker 分解可以通过调整核心张量的维数来减小维数，因此，Tucker 分解用于压缩大规模数据中每个样本的属性。将单类支持向量机从向量空间扩展到张量空间，

并应用 Tucker 分解，提出 OCSTuM；针对传感器数据存在大量冗余信息的问题，利用遗传算法进行数据的特征选择和搜索最优的模型参数，构建 GA-OCSTuM 算法，该方法能有效地提高检测性能。

第三，提出了极限张量学习算法。以神经网络为理论基础，将极限学习机的权值矩阵转化成高维张量表示，应用张量 Tensor-Train 分解低秩逼近原始张量，构建 Tensor-Train 层，该层取代神经网络模型中的输入层到隐含层的权值矩阵，形成极限张量学习算法，能在保持性能不变或下降很小的情况下，极大地压缩网络参数，减少存储量。

以张量 CP 分解、Tucker 分解、Tensor-Train 分解和 SVDD、OCSVM、ELM 为基础，本书提出了支持张量描述算法、张量 Tucker 学习机和极限张量学习算法，实现了算法的性能提升。

本书按照如下结构组织各个章节的内容：第 1 章是绪论，以人工智能为背景，引出复杂高维数据和张量学习，并讨论了传统机器学习的局限性和张量模式的优势，较为详细地阐述了相关张量学习的进展。第 2 章简单地讨论张量代数基础理论。首先，介绍了张量的定义及其表示方法；其次，讨论了张量的矩阵化和向量化，建立了张量与矩阵和向量之间的关系；最后，介绍了张量代数的基本运算，主要包括张量内积、外积、范数和模式积等。重点介绍了张量的 CP 分解（典范 / 平行因子分解）、Tucker 分解和 Tensor-Train 分解及其对应的算法。第 3 章将建立支持张量描述和核支持张量描述，将支持向量描述从向量空间扩展到张量空间，形成支持张量描述；应用张量 CP 分解，求出核张量函数，并用它取代张量内积，构建核支持张量描述，并将其用于感知张量数据的异常检测，取得较好效果。第 4 章将建立无监督张量 Tucker 学习机，将单类支持向量机从向量空间扩展到张量空间，运用张量 Tucker 分解，形成 OCSTuM；应用 GA 算法，进行特征子集选择和模型参数优化，得到 GA-OCSTuM，将其应用于传感器数据异常检测，取得较好的检测效果。第 5 章将建立极限张量学习机，应用张量 Tensor-Train 分解，构建神经网络的 Tensor-Train 层，形成

极限张量学习机，应用于数据分类，跟传统方法相比较，取得了不错的效果。第 6 章将设计一种核支持张量环机，将其用于小样本情况下的张量数据分类，并构造了一个基于 TR 分解的核函数，在实际的张量数据集上进行实验，取得了较好的效果。第 7 章将对本书进行总结与展望。

作者
2022 年 8 月

目 录

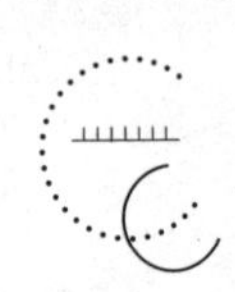

第1章　绪论

1.1 研究背景及意义

自从将数据用于记录历史以来，人类从未间断过采集和收集数据。最初，收集的原始数据用于记录和还原人类历史。近年来，随着互联网、移动互联网、物联网的普及和存储与通信技术的迅速发展，获取数据的成本越来越低，而且数据量越来越大，呈现出井喷式、爆炸性增长。在基因组学、蛋白组学、天体物理学和脑科学等科学研究和社会生活的各个方面均积累了大量数据，人们发现它们是人类社会发展的重要经济资产。高效的数据分析与数据挖掘将推动企业、国家和整个社会可持续发展。

人工智能（artificial intelligence，AI）技术在近年来持续取得突破，已经迅速发展成为学术界、工业界与世界各国政府关注的热点，并被提升到国家战略高度。1956 年夏天，斯坦福大学的约翰 · 麦卡锡（J McCarthy）教授、麻省理工学院的马文 · 明斯基（M. L. Minsky）教授、卡内基梅隆大学的赫伯特 · 西蒙（H. Simont）和艾伦 · 纽厄尔（A. Newell）教授（以上四位皆为图灵奖获得者）、信息理论之父克劳德 · 艾尔伍德香农（C. E. Shannon）、IBM 公司的罗彻斯特（N. Rochester）等学者在美国达特茅斯（Dartmouth）会议上首次提出了人工智能概念[1]：让机器能像人那样认知、思考和学习，即计算机模拟人的智能。经过几十年的不断发展，特别是近几年，在云计算、新型机器学习、传感器网络等先进技术的不断推动下，人工智能得到了不断发展，产生了以大数据和机器学习为基础的新一代人工智能。发达国家纷纷布局人工智能。为了美国未来能在人工智能领域发挥主导作用，2016 年 5 月，白宫发布了一份关于人工智能未来方向和思考的报告：*Preparing for the Future of Artificial Intelligence*。该报告调查了人工智能的现状、现有和潜在的应用，以及人工智能的发展为社会和公共政策带来的问题。美国还在美国国家科技委设立“人工智能和机器学习委员会”，来协同指导美国各界的行动。2016 年 10 月美国政府发布了《国

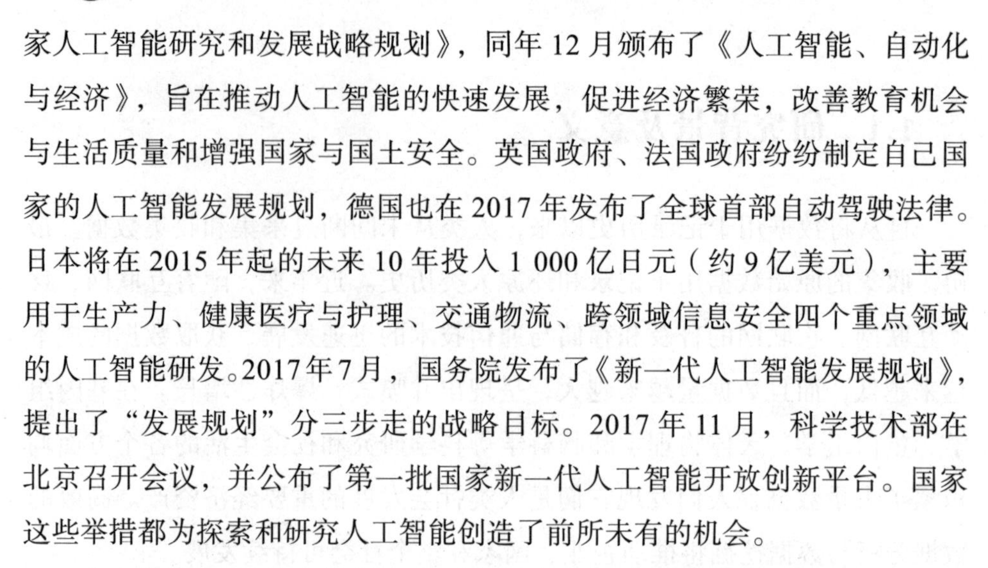

家人工智能研究和发展战略规划》，同年12月颁布了《人工智能、自动化与经济》，旨在推动人工智能的快速发展，促进经济繁荣，改善教育机会与生活质量和增强国家与国土安全。英国政府、法国政府纷纷制定自己国家的人工智能发展规划，德国也在2017年发布了全球首部自动驾驶法律。日本将在2015年起的未来10年投入1 000亿日元（约9亿美元），主要用于生产力、健康医疗与护理、交通物流、跨领域信息安全四个重点领域的人工智能研发。2017年7月，国务院发布了《新一代人工智能发展规划》，提出了“发展规划”分三步走的战略目标。2017年11月，科学技术部在北京召开会议，并公布了第一批国家新一代人工智能开放创新平台。国家这些举措都为探索和研究人工智能创造了前所未有的机会。

人工智能主要是由机器学习（算法）、算力和大数据三个部分组成。阿尔法围棋（AlphaGo）是由谷歌（Google）旗下DeepMind公司开发的围棋人工智能系统，可以将其看作由最新深度学习方法（算法）、超算体系（算力）、棋谱大数据构成的总和。在围棋人机大战中，AlphaGo 1.0战胜世界围棋冠军李世石[2]。AlphaGo人工智能系统发挥巨大威力的前提是，在具有超强计算能力的计算机系统上，通过海量棋谱数据训练深度卷积神经网络和深度强化学习，实现“模仿高手 + 左右互搏”。因此，机器学习和大数据及其分析是新一代人工智能的核心研究领域。

机器学习和大数据研究引起工业界、学术界以及世界各国政府部门的关注，主要在于其具有巨大的潜在价值。机器学习就是从海量数据集中建立模型或者发现知识，提供了数据分析与数据挖掘的算法和技术，因此，机器学习作为探测数据价值的关键手段，在大数据研究中占据着极其重要的地位。机器学习在各个领域发挥着独特的、非常重要的作用。

大数据分析技术不但给社会经济创造发展机遇，而且带来了挑战。现实世界中许多数据以高维形式呈现，包含非常多的属性或特征。在机器学习中，通常将高维数据样本表示成向量，它的每个元素表示该样本相应的特征值。例如，一幅灰度图像数据，将像素点的灰度值作为其特征，按逐行或逐列的顺序将其重新排列成一个向量来表示图像。但是，图像被表示成向量形式时，会导致其产生十分大的维数，如 100 像素 ×100 像素的图像对应 10 000 维的向量。因此，如何利用适当的人工智能方法从复杂高维数据中挖掘有用的价值，成为理论和应用的难题，是人工智能和数据挖掘等研究领域的热点问题之一。

在机器学习问题中，数据的模式表示方式非常重要。各种传感器和人类活动产生的数据主要用三种模式表示：第一种是用向量模式表示，第二种是用矩阵模式表示，第三种是用张量表示。对于不同的数据，采用何种模式表示方式更能表达原始数据的本质特征，也是机器学习的关键问题之一。传统的机器学习方法基本上采用向量模式表示数据（即向量数据），但是在许多实际应用中，张量有助于揭示高维空间中潜在的相关性，采取张量才能更准确地表示数据（即张量数据）。因此，张量学习（基于张量数据的学习）开始被广泛研究及应用，已经成为当前数据分析与数据挖掘领域新的热点研究方向。

经典机器学习存在的问题：张量数据在真实世界中广泛存在，但是长期以来人们忽略了其高维数据结构。使用人工智能方法分析和处理通常将这类数据按逐行或逐列的顺序拉伸成高维向量。张量不是简单地增加维数和推广向量与矩阵，而是多维数据，并具有特殊的性质，基于传统的机器学习分析和处理张量数据会产生一系列困难问题[3-6, 80]：

（1）形成高维向量，从而引发“维数灾难”（curse of dimensionality）和小样本问题（small size problem）。“维数灾难”会导致分类学习所需要的样本数量随着维数升高而呈指数级增长。1961 年，贝尔曼（R. Bellman）首次提出“维数灾难”，其含义就是对于满足一定统计指标（如期望与方差）的模型（精度），随着维数的增加，其所需样本的数量将呈指数增长，或其复杂程度、表示长度呈指数增长[7, 79]。例如，大多数机器学习算法都要求训练样本在空间中是稠密的，如此才能具有较令人满意的性能。在一维空间的单位区间内，如果分布着 100 个样本，则可认为是稠密的；

如果想要在十维空间中的单位超立方内达到同样的密度，则差不多需要 $100^{10}=10^{20}$ 个样本。

（2）原始数据的模式空间或结构信息可能会遭到破坏。例如，对于多媒体传感器网络采集的图像，为了应用传统的机器学习方法进行分析和处理，需要将其转换为向量形式，这样会破坏图像的内部结构信息，可能导致关键信息丢失。

（3）许多数据集在高维空间呈现稀疏性，会使任意两个样本点之间的距离很大，而且可能呈现基本相同的情况，从而会使多数传统的距离学习算法失效[81]。高维数据会导致机器学习算法的时间复杂度和空间复杂度随维数变大而不断增长，甚至导致许多机器学习算法无法分析和处理高维数据，从而降低机器学习算法的精确度和效率。

1.2　张量学习算法研究进展

在许多领域里，真实数据是多模态和异构的，如医疗保健、社会媒体和气候科学等。作为向量与矩阵的扩展，张量为处理具有固有结构与复杂依赖性的数据提供了可扩展性框架，包括从学术界研究张量表示的新型模型和可扩展算法到工业界的行业解决方案（如谷歌公司的 TensorFlow、Torch 的张量处理单元）。最近在机器学习中兴起了张量方法，即张量学习。随着张量方法在一系列学习任务中取得成功，如学习隐变量模型（learng latent variable models）、关联学习（relational learning）、时空预测和训练深度神经网络，张量学习受到越来越多的关注。

1.2.1　基于张量的非神经网络学习

近年来，为了利用张量表示和机器学习的优势，许多研究人员将基于向量数据的学习算法扩展到张量空间，形成张量学习算法。Tao 等人[9]

于 2005 年提出了处理张量数据的监督张量学习框架，将支持向量机和 fisher 判别分析方法从向量空间拓展到张量空间，形成支持张量机和张量 fisher 判别分析方法。Cai 等[8]提出了面向张量空间的支持张量机（support tensor machine）和张量最小二乘（tensor least square）线性分类器。Tao 等人将监督张量学习框架应用到各种典型支持向量机，如 C–SVM[10]和 v–SVM[11]。Kotsia 在 2011 年[12]和 2012 年[13]分别提出了高秩支持张量机（higher rank support tensor machine，HR–STM）。然而，由于这些监督张量学习框架都是非凸优化问题，因此，针对支持张量机的原问题求解，所采取的算法都是交替迭代优化方式，求解该非凸优化问题，不仅计算量大、耗时多，而且得到的解可能是局部最优解，而非全局最优解。为了克服这些不足，结合支持向量机的对偶问题、核方法和张量秩一分解的优势，Hao 等[14]将支持向量机推广到张量空间，提出了一种线性支持高阶张量机（support higher–order tensor machine，SHTM），避免了交替迭代方法求解 SHTM，从而缩短求解时间，容易得到的解为全局最优解。因为采用了张量的 CP 分解，所以，在求解过程中也增加了计算上的复杂度。

为了处理张量空间的非线性问题，研究人员通过融合核方法和张量分解的特性建立核函数（即张量核函数），提出了基于核方法的张量学习算法。Zhao 等[15]提出了用于小羊运动问题的核张量参数最小二乘回归。这些张量学习算法都使用展开矩阵构建非线性核函数，而张量在展开成矩阵的过程中破坏了数据的拓扑结构信息，因此，这种方法只能捕捉张量数据的单个模式关系，而张量数据的多路关系（结构信息）在张量数据展开过程中丢失。为了避免这类问题，He 等[16]提出基于对偶张量的张量核函数，将每个张量样本从输入空间映射到张量特征空间，同时保持结构信息。Erfani 等人[17]将随机投影引入张量学习算法，提出了随机张量核函数，该方法避免了较大的计算复杂度，提升了算法的可扩展性，极大地加快了训练速度、测试速度和提高了检测精度，适用于对大规模数据集进行分析和处理。

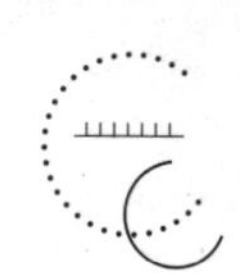

尽管学者们提出了许多监督张量学习方法，但是这些方法不能捕捉张量数据的非线性关系或不能保持复杂的多路结构信息。针对此问题，He 等人 [26] 提出了多路多层次核方法（multi-way multi-level kernel，MMK），该方法首先应用核化 CP 分解提取张量数据的非线性表示，在分解时，共享每个模式的核矩阵，然后将提取的表示嵌入对偶保持核。MMK 的整体框架如图 1-1 所示，给定两个输入张量 $\mathcal{X}$ 和 $\mathcal{Y}$，MMK 首先应用核化 CP 分解非线性表示 $\mathcal{X}'$ 和 $\mathcal{Y}'$，在整个分解过程中，共享每个模式的核矩阵 $\boldsymbol{K}_X$、$\boldsymbol{K}_Y$ 和 $\boldsymbol{K}_Z$，然后将提取的表示特征嵌入双结构保持核中，多路多层次内核建模方法，如图 1-2 所示。将 MMK 用于神经图像分类，可以取得不错的效果。

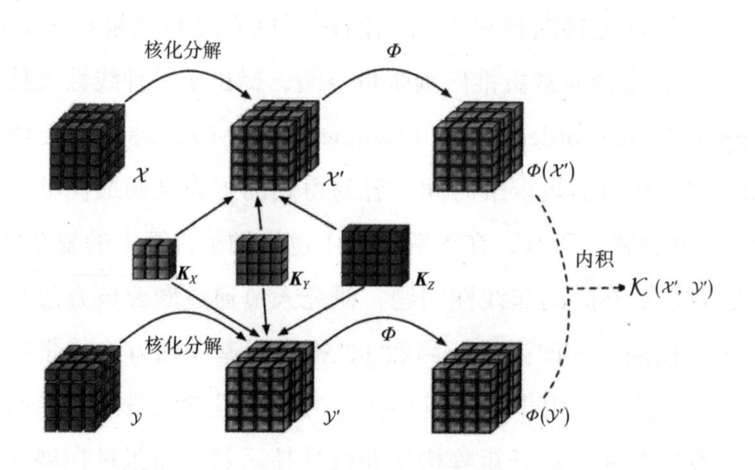

图 1-1　MMK 的总体框架

算法 1.1　核化 CP 分解（KCP）
输入： 张量 $\mathcal{X} \in \Re^{I \times J \times K}$ 和张量秩 R **输出：** $\{\boldsymbol{A}, \boldsymbol{B}, \boldsymbol{C}\}$ 1. 分配 $\boldsymbol{K}_X$，$\boldsymbol{K}_Y$，$\boldsymbol{C}_Z$ 2. 运用标准 CP 分解计算矩阵 $\{\boldsymbol{A}, \boldsymbol{B}, \boldsymbol{C}\}$ 3. $\boldsymbol{A} \neg \boldsymbol{K}_X^{-1} \boldsymbol{A}$ 4. $\boldsymbol{B} \neg \boldsymbol{K}_Y^{-1} \boldsymbol{B}$ 5. $\boldsymbol{C} \neg \boldsymbol{K}_Z^{-1} \boldsymbol{C}$

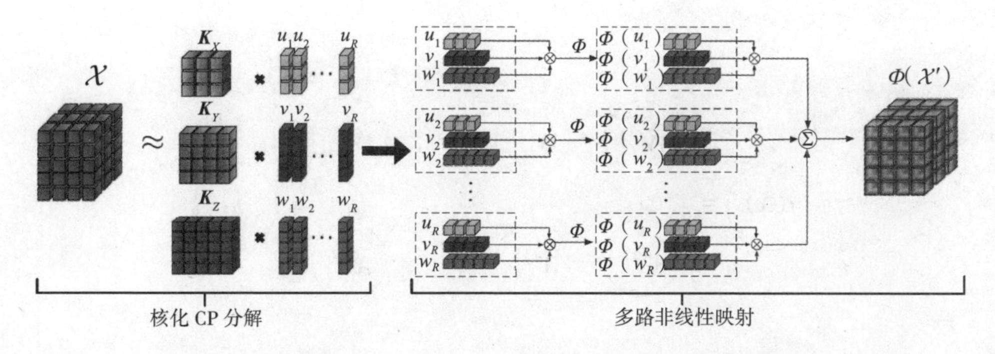

图 1-2　多路多层次内核建模

基于张量分解理论和核方法，文献 [105] 提出了一种将张量分解与最大间隔准则相结合的核支持张量机（kernelized support tensor machine，KSTM），引入了核分解技术来近似核空间中的张量数据，从而可以研究张量数据中的复杂非线性关系。作者还设计了双结构保持核来学习张量数据之间的非线性边界。通过联合优化，在 KSTM 中得到的核对判别分析具有较好的泛化能力。现有张量分类器，如支持张量机（support tensor machine，STM），大多需要迭代求解，导致这类分类器占用了大量的时间，可能会遇到局部极小问题。Ye 等 [106] 提出了一种用于矩阵数据分析与处理的核支持矩阵机（kernel support matrix machine，KSMM）。

秩 -1 张量的表达力受到许多现实数据的限制，为了克服这一限制，Cong Chen 等人 [212] 用 Tensor-Train 分解取代 CP 分解，建立了支持张量列机（support tensor-train machine，STTM）。STTM 超平面方程的图形表示，如图 1-3 所示。

权值张量 $\mathcal{W}$ 的 Tensor-Train 分解 $\mathcal{W}^{(k)}$ 的值是通过求解公式（1-1）的优化问题得到的。

$$\begin{cases} \min\limits_{\mathcal{W}^{(k)},\ b,\ \xi} \dfrac{1}{2}\left\|\mathcal{W}^{(k)}\right\|_F^2 + C\sum\limits_{i=1}^{M}\xi_i \\ \text{s.t.}\, y_i\left(\operatorname{vec}\left(\mathcal{W}^{(k)}\right)^{\mathrm{T}} x_i\right) \geqslant 1-\xi_i, \\ \xi_i \geqslant 0,\ i=1,\cdots,M \end{cases} \tag{1-1}$$

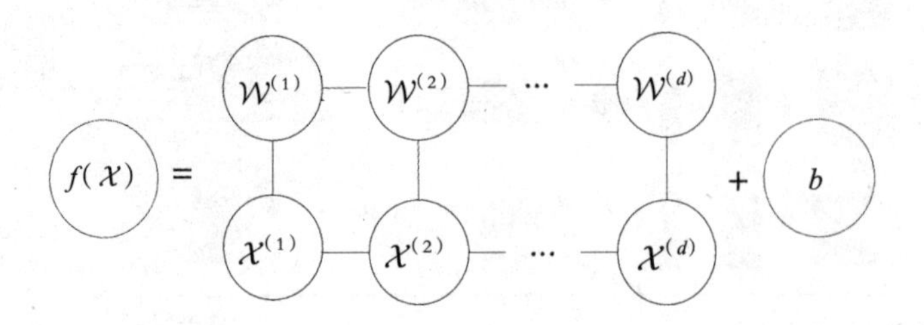

图 1-3　STTM 超平面函数的张量图形表示 [212]

张量时间序列模型是将向量时间序列模型从向量空间推广到张量空间而形成的，其异常检测方法与单变量检测方法相同。先要建立张量时间序列模型，然后对张量进行预测，如果一个张量与预测张量存在巨大差异，就被标记为异常。近年来，研究人员提出了各种针对张量时间序列的预测方法。Rogers 等 [18] 提出了多线性动态系统（multilinear dynamical systems，MLDS），该系统为线性动态系统（linear dynamical systems，LDS）的张量版本，用于预测股市暴跌和天气变化。Bahadori 等 [19] 提出贪婪低秩张量学习，并将其应用到诸如天气的张量时间序列中。文献 [186] 提出了一种基于张量的隐马尔可夫模型（hidden markov model，HMM）方法，用于故障检测和预测。

Lu 等 [213] 提出了一种基于变换域的新型多线性动力学系统（称为 L-MLDS），用于张量时间序列的建模，其训练过程如图 1-4 所示。利用非线性变换，L-MLDS 能够捕获时间序列张量之间的非线性相关，从而比假设线性相关更准确地预测。将一个 L-MLD 精确地分离成若干个 LDS，可以有效地计算并能进行并行处理，这样克服了处理大数据时的维数灾难问题。在四个真实数据集上，提出 L-MLDS 不仅实现了较高的预测精度，而且比 MLDS 和 LDS 的训练时间更短。

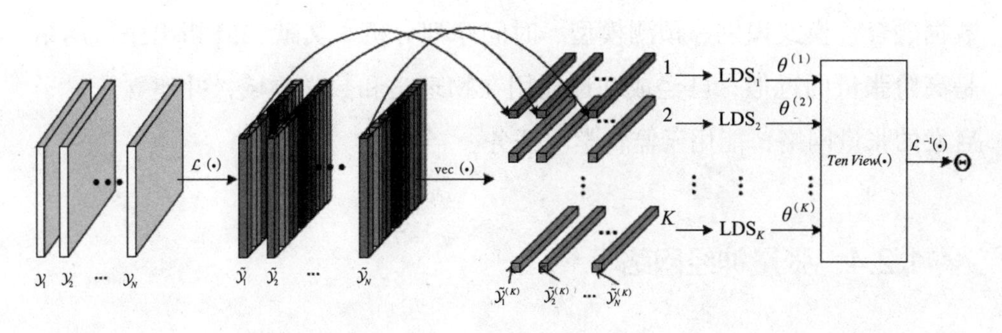

图 1-4　L-MLDS 训练过程 [213]

1.2.2　张量压缩感知

传统的压缩感知理论基于向量表示，而实际许多应用的数据类型是张量形式，如彩色图像、视频序列和多传感器网络等。压缩感知理论应用到高阶张量数据时，必须将其转化成向量形成很大的采样矩阵，导致高额计算代价和内存负载。文献 [20][21] 提出了一种用于高阶张量数据的广义张量压缩（generalized tensor compressive sensing，GTCS），该方法能保持张量数据的内在结构信息，同时能减少重构的计算复杂性。文献 [22][23] 提出混合向量和张量的压缩感知框架，这种框架能根据采集和重构要求兼容真实设备。

1.2.3　张量网络

张量网络（tensor network）在计算神经科学、神经信息学、模式 / 图像识别、信号处理和机器学习的许多问题时会产生海量的多模高维数据。通过适当的低秩逼近，张量为海量高维数据提供了一个自然紧凑的表示方式。文献 [24] 提出使用张量网络和张量分解分析与挖掘海量多模高维数据，研究了基本的张量网络模型、数学图形描述和大规模张量网络的学习算法，其潜在应用领域包括异常检测、特征提取、特征分类、聚类分析、

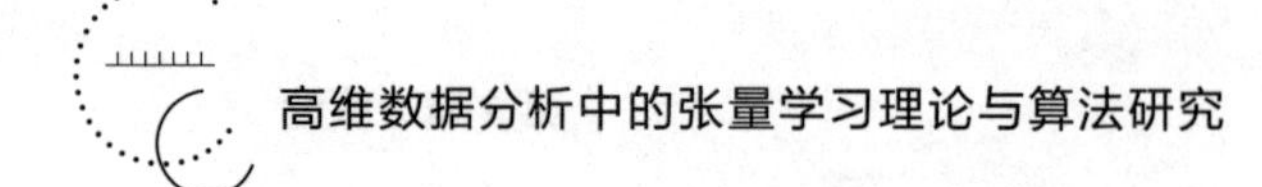

数据融合、模式识别、预测模型、时间序列分析。文献 [25] 指出张量网络是高阶张量的近似，已经成功地应用在物理学和数学领域，并建立了量子启发的张量网络，能用于监督学习任务。

1.2.4 张量神经网络

将张量代数理论引入神经网络（张量神经网络），主要原因是传统神经网络存在以下问题：

（1）传统的神经网络结构安排成层，这种特殊的结构需要将非向量输入（如矩阵、张量）转换为向量。这个过程存在以下问题：一方面，在向量化过程中，数据元素之间的空间信息可能会丢失；另一方面，解空间变得非常大，对网络参数要求做非常特殊的处理，计算成本也很高。

（2）深度学习涉及数百万个参数，训练其模型通常需要大规模内存和高昂的计算代价，从而限制了深度学习在低端设备上的应用。

深度神经网络目前在计算机视觉、语音识别、文本处理等许多大规模机器学习领域都表现出了最好的性能，同时，这类模型对计算资源要求也很高。特别是全连接层深度神经网络需要大量的内存，这使得其在低端设备上使用非常困难，并且无法进一步增加模型大小。为解决此问题，亚历山大·诺维科夫（Alexander Novikov）等[66]把全连通层的重密度矩阵转化为 Tensor-Train 格式，使参数数量减少，同时保留了神经网络层的表达力。实验表明，对于 vgg 网络[88]，完全连接层的重密度矩阵的压缩因子高达 20 万倍，从而使整个网络的压缩率高达 7 倍。黄（Huang）等[95]设计了一种分层张量化的多层神经网络（a layerwise tensorized compression of multilayer neural network，LTNN），将多层神经网络权值矩阵以低阶重构为高维张量，在保持神经网络的精度基本不变的情况下，获得了较高的网络压缩精度。利用改进交换最小二乘（modified alternating least squares，MALS）方法[67]，作者提出了一种张量多层神经网络的分层训练算法。卷积神经网络在图像识别任务中表现出色，但计算复杂性和空间复杂性高。Garipov 等[97]将卷积核转换为高阶张量，并将其进行 Tensor-Train 分解，解决卷积层的压缩问题。Tjandra 等[98]提出了一种基于 Tensor-Train 格式的递归神经网络（recurrent neural network，RNN）模型，通过 Tensor-Train 对权重参数的表示，显著减少了参数个数，实现压缩。Bai 等[99]设计了一种张量递归神经网络，直接以张量时间序列数据为输入，以避免向量化张量数据带来的问题。

Ye 等[100]将 RNN 扩展到张量空间，提出了一种基于块张量分解（block-term decomposition，图 1-5 三阶张量由 N 个 Tucker 分解逼近）的张量递归神经网络（block-term rnn，BT-RNN），极大地减少了 RNN 的参数数量，提高了 RNN 的训练效率，其体系结构如图 1-6 所示。与基于 Tensor-Train 分解的 RNN（TT-RNN）等低阶方法相比，BT-RNN 方法不仅简洁，而且能够以更少的参数获得与原始 RNN 相近的性能。

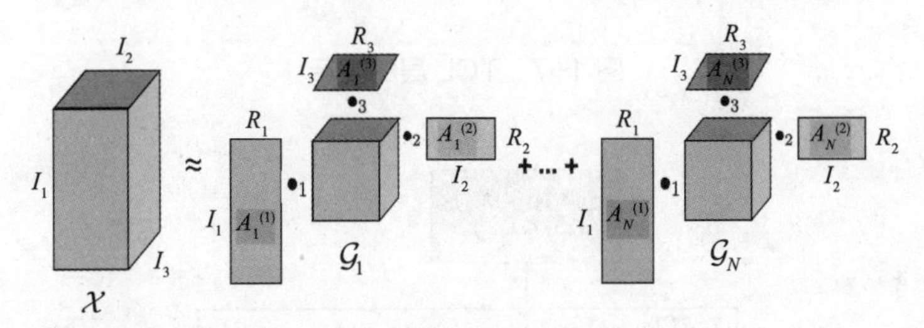

图 1-5　三阶张量的 Block Term 分解

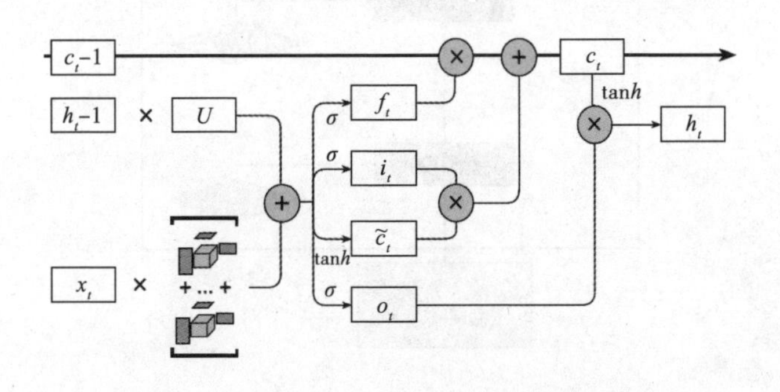

图 1-6　BT-RNN 的体系结构

Kossaifi 等[105]将张量收缩（tensor contraction）应用到神经网络层，设计了张量收缩层（tensor contraction layer，TCL，如图 1-7 所示）。具体地说，给定一个大小为（D_1, D_2,⋯, D_N）的张量 $\widetilde{\mathcal{X}}$，求解秩为（R_1，R_2，⋯，R_N）的核心张量 $\widetilde{\mathcal{G}}$，使以下等式成立。

$$\widetilde{\mathcal{G}} = \widetilde{\mathcal{X}} \times_1 V^{(1)} \times_2 V^{(2)} \times \cdots \times_N V^{(N)} \tag{1-2}$$

其中 $V^{(k)} \in \mathbb{R}^{R_k \times I_k}$，$k \in \{1,2,\cdots,N\}$，利用这个公式建立 TCL 层，图 1-8 为张量收缩层的符号表示。注意，在不同模式下取 *n* 模式积时，*n* 模式积的计算顺序并不重要。TCLs 降低了激活张量（Activation Tensors）的维数，从而降低了模型参数的数量。

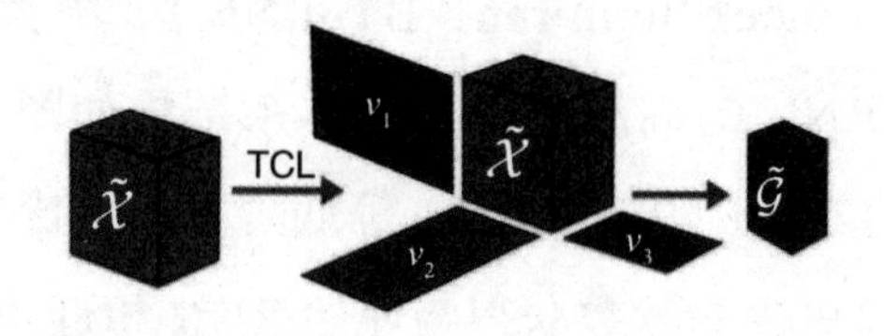

图 1-7　TCL 层的表示

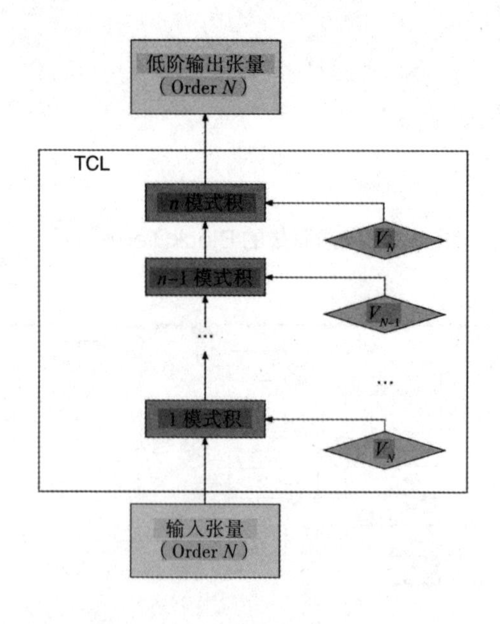

图 1-8　TCL 层的符号图表示

传统向量神经网络模型是由一组向量数据进行评估的，这种神经网络不适用于处理多路数据（张量数据）。由于张量数据向量化会导致相邻的时间或空间信息被忽略，向量神经网络的分类性能受到限制，所以学习复杂的数据结构需要更多的参数。Chien 等 [89-90] 提出了一种新的张量分解神经网络（tensor-factorized neural networks，TFNN），它将张量分解和神经网络紧密地结合在一起，在一个统一的框架下进行多路特征提取和分类。TFNN 可以被看作一个广义的神经网络，其中神经网络中的仿射变换被多路因子分解取代，多路信息是通过逐层分解来保存的，在每个隐藏层中进行 Tucker 分解和非线性激活。针对有限参数和有限计算时间的 TFNN 训练问题，提出了张量分解误差反向传播方法。通过因子分解卷积可以进一步扩展 TFNN，以实现卷积型 TFNN（convolutional tFNN，CTFNN，如图 1-9 所示，主要思想是分解 *n* 路输入张量或隐藏张量的子区域）。实验结果表明，与神经网络和卷积神经网络相比，TFNN 和 CTFNN 分别有了显著的改进。

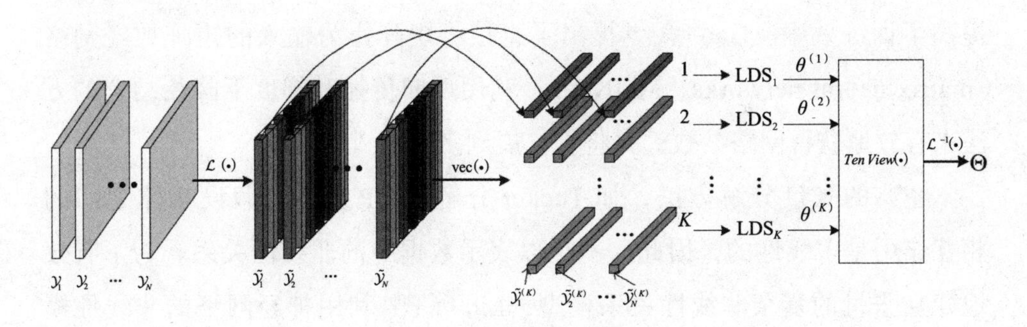

图 1-9 CTFNN 结构

传统的深度计算模型涉及大量的参数。训练具有数百万个参数的深度计算模型，通常需要具有大规模内存和强大计算单元的高性能服务器，从而限制了在资源受限的设备上运行。针对这一问题，Zhang[91] 提出了一种基于 Tucker 分解的深度计算模型，将全连通层中的权重张量进行压缩，用于多媒体特征学习。此外，Zhang 设计了一种基于反向传播策略的学习算

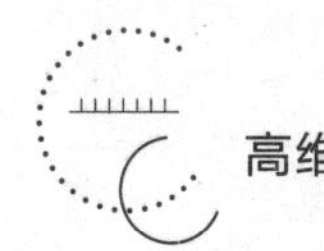

法来训练 Tucker 深度计算模型的参数。最后，通过与传统的计算模型在两个代表性的多媒体数据集（即 CUAVE 和 SNAE2）上的比较，根据精度下降、参数减少和加速，对 Tucker 深度计算模型的性能进行了评价，结果表明，Tucker 深度计算模型可以在精度下降较小的情况下实现较大的参数约简和计算加速。Zhang 等[92]提出了一种用于工业大数据特征学习的 Tensor-Train 深度计算模型。Tensor-Train 通过将重密度张量（dense weight tensors）转换为 Tensor-Train 格式，对参数进行显著压缩。此外，他们还提出了一种基于梯度下降和反向传播的学习算法来训练 Tensor-Train 深度计算模型的参数，在 STL-10、CUAVE 和 SNAE2 上进行了大量的实验，从近似误差、分类精度下降、参数减少和加速等方面对模型进行了评估。结果表明，该模型能大大提高训练效率，精度下降较小，节省存储空间。Zhang 等[93]提出了一种改进的基于 CP 分解的深度计算模型，对参数进行压缩，提高了训练效率。他们还设计了一个基于反向传播策略的学习算法来训练模型的参数，该算法可以直接对压缩后的参数进行学习，提高了训练效率。Gao 等[94]提出了直接将矩阵作为输入的矩阵神经网络（matrix neural networks，MatNet），利用反向传播和梯度下降相结合的方法来有效地获得网络参数，并将它扩展到多模输入。

经典的张量分解方法，如 Tucker 分解和 CP 分解，假设物体之间的相互作用是多线性的，因此，不足以表示数据中的非线性关系。为了有效地建立张量的复杂非线性关系模型，Liu 等[209]利用神经网络的非线性模型和贝叶斯模型的不确定性模型，设计了一种将神经网络与贝叶斯张量分解相结合的神经模型。该混合模型使用了一个更灵活的神经函数（即多层感知器）代替传统贝叶斯张量分解中的多线性积，该函数的参数可以从数据中学习，能利用随机梯度下降，可以有效地优化混合模型。实验结果表明，该模型比现有的张量分解方法具有更高的预测性能。多数高斯过程（gaussian processes，GP）主要是学习单输出函数，但在许多应用中，如物理模拟和基因表达式预测，需要对多输出函数进行估计，输出的数量可以远远大于或相当于训练样本的大小。现有的多输出GP模型要么局限于低维输出，要么假设输出中的低秩结构。为了解决这些问题，Zhe等[210]提出了一种高阶高斯过程回归模型，它可以灵活地捕捉输出之间的复杂相关性，并可扩展到大量的输出。具体地说，对高维输出进行张量化，引入坐标特征来索引每个张量元素（即输出），并捕获它们的相关性，然后将多线性模型推广到GP和GP的混合模型。该模型在输入端和特征上具有克罗内克积结构，利用克罗内克积性质和张量代数，能实现对数以百万计的输出进行精确推理。纽曼（Newman）等[207]提出了用于处理张量数据的张量神经网络，该框架基于t-product，通过循环卷积实现张量相乘，能用更少的参数来编码更多的信息。此外，受矩阵神经网络与PDE离散化中的稳定性概念的启发，证明了张量神经网络提供了一个更强大的分类框架，并通过调整参数来提高算法的鲁棒性。

知识库完备性是知识库中的一个重要研究课题，在知识库中对应答、信息检索和其他应用起着重要的作用。研究人员已经提出了许多关系学习算法解决这个问题。然而，尽管它们在实体关系建模方面取得了成功，但它们并不是以贝叶斯方式建立的，因此很难对实体的先验信息和关系因素进行建模。而且，它们无法完全表达实体与关系因素之间的相互作用。为了避免这些缺点，He等[214]提出了一种被称为变分贝叶斯神经张量分解知识库补全的神经网络方法，使用多元伯努利似然函数来表示知识图中存在事实。作者进一步使用多层感知器来表示潜在主体、谓词和对象因素之间更复杂的相互作用。SGVB框架提供了一种新的局部重参数化方法，对所提出的非线性概率张量分解进行有效的近似变分推理。这种方法避免了昂贵的迭代推理。实验结果表明，该方法具有良好的性能。

Kossaifi等[208]人提出了完全参数化卷积神经网络，使其具有单个高阶、低秩张量。主要思想是用一个高阶张量对神经网络进行参数化，以捕获神经网络的完整结构，其模式表示网络的每个结构设计参数（如卷积数、深度、层数、输入特征等）。这种参数化可以使整个网络正则化，极大地减少了参数的数量。图 1-10 为具有编码器 - 解码器结构的全卷积网络。

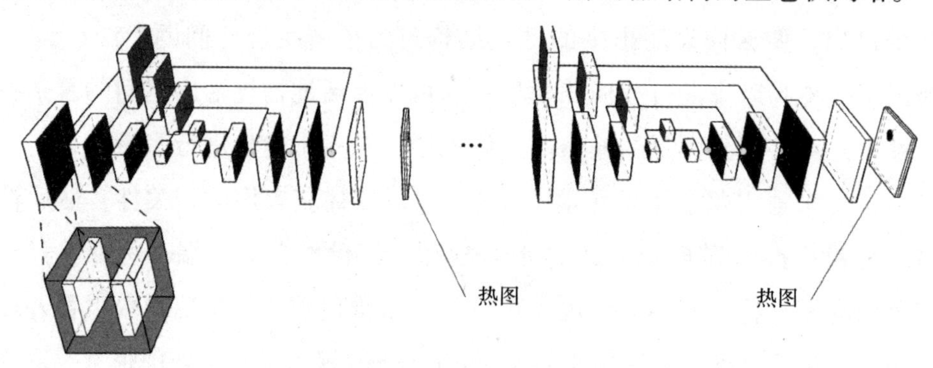

图 1-10　整体框架

RNN 及其变异，如长短期记忆神经网络（long-short term memory，LSTM），在序列数据建模方面取得了良好的性能。RNN 的隐藏层可以看作存储单元，它有助于存储信息。但是，在处理高维输入数据时，如视频和文本，RNN 中的输入 - 隐藏线性变换导致内存使用率高，计算成本高，这使得训练 RNN 是不可行的。为了应对这一挑战，Pan 等 [211] 提出了利用低阶张量环（tensor ring）建立紧凑的 LSTM 模型，称为 TR-LSTM，利用张量环分解（tensor ring decomposition，TRD），将输入 - 隐藏转换重新形式化。与其他张量分解方法相比，TR-LSTM 更稳定。

与传统神经网络模型相比，极限学习机（extreme learning machine，ELM）具有更快的学习速度，受到了广泛关注。然而，与许多其他方法一样，ELM 为向量模式，而实际应用中的非向量模式（如矩阵数据、张量数据）无法直接处理。为处理矩阵数据，Bo 等 [101] 提出了一种二维极限学习机（two-dimensional extreme learning machine，2DELM），可以直接处理矩阵数据。Sun 等 [102] 设计了一种新的基于张量的 ELM 分类器，用于多维数据识别。Nair 等人 [103] 提出了一种新的基于分布式张量分解的 ELM，在 Spark 平台上采用了基于 Parafac 和 Tucker 分解的技术，来处理大数据。Huang 等 [104] 提出了基于张量的 2 型 ELM（tensor based type-2 extreme

learning machine，TT2-ELM，如图 1-11 所示），该算法采用张量结构构造了 2 型模糊集的 ELM，利用张量的 Moore-Penrose 逆得到了张量回归，获得优良的性能。

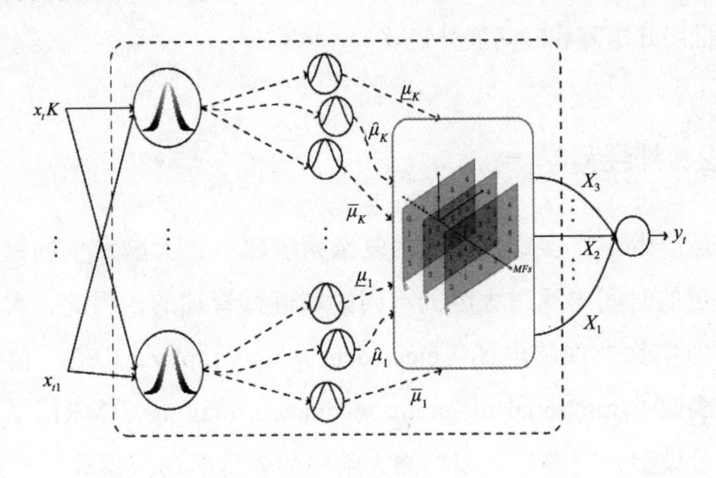

图 1-11　基于张量的 2 型 ELM

1.3　张量应用研究

目前，张量学习在环境监测、视频监控、网络安全、社会网络、神经科学、遥感、工程等多个领域得到了广泛应用。

1.3.1　过程控制

过程控制是张量应用较早的领域之一[107]，用于监测批处理生产过程，其主要目标是以具有竞争力的价格获得高质量的增值产品。张量是化学品生产和其他制造应用中非常流行的监测技术，如半导体蚀刻工艺（semiconductor etching process）[108-110]、聚合过程（polymerization processes）[111-113]、制造医药材料（manufacturing pharmaceutical materials）[114-115]、废水处理（wastewater

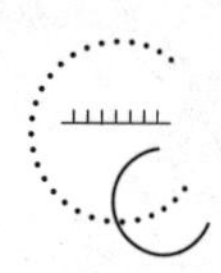

treatment）[116]、补料分批发酵工艺（fed-batch fermentation process）[117-119]。在大多数应用中，典型的张量是 I（批）$\times J$（测量）$\times K$（时间）的三阶张量，通常以批或时间模式展开。因此，通常对 $i\times jk$ 或 $j\times ik$ 的矩阵进行处理，分别称为分批展开矩阵和时间展开矩阵。

1.3.2 神经科学

大脑是产生丰富多维数据源的复杂系统之一，大脑发生的每一个活动都是在特定的时间内通过大脑的不同区域进行管理的，因此，大脑数据本质上具有时空性，如脑电图（electroencephalography，EEG）信号或功能性磁共振成像（functional magnetic resonance imaging，fMRI）。这些数据可以用张量模型进行分析，以检测大脑中的异常活动或模式[120-121]。例如，用张量来寻找产生最初癫痫放电的异常神经活动的主要区域，从脑电数据分析中获得的信息有助于癫痫手术的成功。

脑电数据一般用三阶张量来表示，即频率 × 信道 × 时间[122-123]。如果在不同的对象或条件下记录测量值，则可以将额外的维度添加到简单张量模型中，这些高阶张量数据主要用于分类。例如，多主题脑电图数据被建模为频率 × 信道 × 时间 × 主题的四阶张量。同样，可将脑电图数据修改为频率 × 信道 × 时间 × 主题 × 条件五阶张量。注意，张量模型并不直接对脑电原始信号进行操作，而是需要预处理（通过小波变换）将原始脑电信号转换为脑电张量。

张量也用于分析 fMRI 图像数据。fMRI 可以用来检测脑区的神经变性疾病，如阿尔茨海默症和帕金森病。典型的 fMRI 扫描图像可能包含 $64\times 64\times 14$ 个体素（voxel，3D 像素），这些体素在不同的连续时间连续采样，生成单个矩阵。对给定对象进行多次扫描会产生体素 × 时间 × 运行的高阶张量，通常用于 fMRI 数据分析[124]。还可以对多个受试者进行扫描，从而产生体素 × 时间 × 受试者的高阶张量。可以根据具体情况增

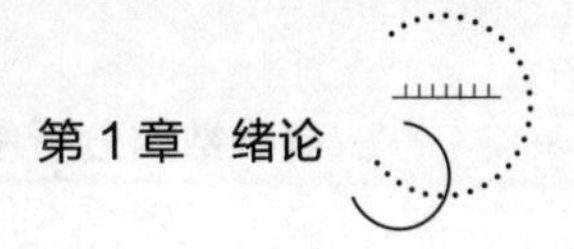

加张量的阶，如试验（休息、手指敲击等），从而产生体素 × 时间 × 试验 × 运行的四阶张量 [125]。

1.3.3 推荐系统

张量在推荐系统中得到了广泛应用 [126–130]。Xiong 等人将张量应用于协作过滤和推荐系统，以贝叶斯概率矩阵分解（bayesian probabilistic matrix factorization，BPMF）为基础，提出了一种基于 CP 模型的贝叶斯概率张量分解(bayesian probabilistic tensor factorization,BPTF 图模型，如图 1–12 所示）。在实验评估中，BPTF 优于 BPMF，证明了利用时间信息和数据的高阶结构更值得推荐。Karatzoglou 等人通过将数据建模为张量，提出在传统的用户项目推荐场景中使用上下文（如时间）。不同之处在于，它们使用 hospd 对数据进行低阶分解（仅对观测值进行分解），并对缺失值使用重构值。该方法优于矩阵分解技术和其他上下文感知技术，后者可能（部分）忽略张量分解所利用的数据高阶结构。

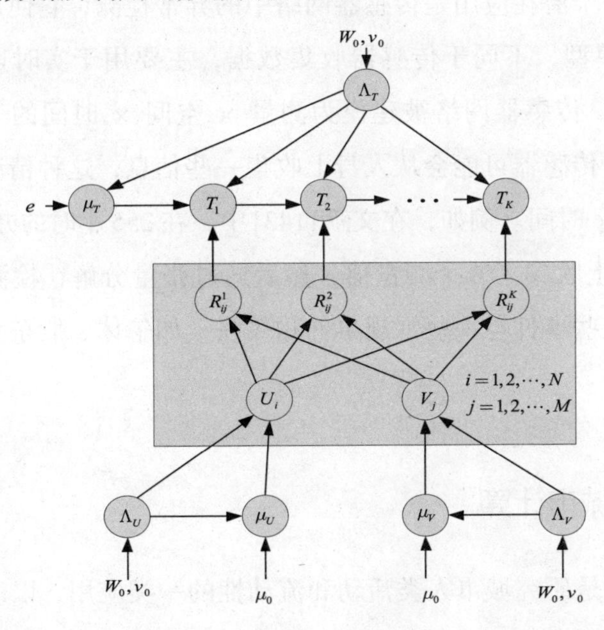

图 1–12　BPTF 图模型

1.3.4 计算机网络安全

计算机系统面临各种攻击和恶意活动的风险。多年来，网络安全一直是许多研究者关注的焦点。张量可以很容易地模拟基于时间的网络流量的动态情况，成为计算机网络中异常检测的有力工具。而且，在网络安全应用中，很难获得异常情况标签，通常只提供正常操作的历史记录。大部分工程采用 origin × destination × time 方法，用于分析各种网络数据，如 TCP/IP 网络、电子邮件、电话、IP–TV 和万维网。在 TCP/IP 网络中，最常用的两种张量模型为源 ip× 目标 tip× 时间 [131–134] 和 sourceip × targetip × port × time[135]。在电子邮件或电话呼叫网络中，张量模型是按照发送方 × 接收者 × 时间构造的 [136–138]。

1.3.5 传感器网络

张量的一个潜在应用是传感器网络中的异常检测，它使用与环境监测相同的张量模型，不同于传感器收集数据，主要用于实时监测。在文献 [139–141] 中，传感器网络被建模为测量 × 空间 × 时间的三阶张量。在其他情况下，传感器可能会从人身上收集一些信息，这种情况下张量模型是人 × 测量 × 时间。例如，在文献 [143] 中，在 255 小时的办公室环境中，从 20 个人身上收集了 6 个测量值，然后通过张量分解，检测到一些有意义的事件，这些事件与一些常规事件相关联，如午休、股东大会或每月研讨会。

1.3.6 城市计算

城市计算是研究城市人类活动和流动性的一类应用，以改善城市环境的宜居性。Mu 等人 [149] 使用城市的历史数据预测潜在犯罪活动的地区，将数据建模为四阶张量，其中前三种模式为经度、纬度、时间，第四种模式可以为住宅盗窃信息、社会事件和犯罪数据等特征，使用 Tucker 分解获得该张量的低阶表示，并将低阶张量用于线性判别分析，以预测未来的犯罪活动。

在文献 [150] 中，为估算城市道路网中某一特定轨道的行程时间，他们使用了一组驾驶员真实的 GPS 行程时间数据，但是，由于许多路段可能根本没有行驶过（有时甚至从未行驶过）而产生高度稀疏性，这样估计所有路段的行驶时间可能导致测量不准确。

为了降低数据的稀疏性，作者提出使用 GPS 轨迹的历史数据，以及有关时隙和路段的侧边信息来填充缺失的行程时间值，提出一个耦合矩阵张量分解：构建一个（路段、驾驶员、时隙）张量模型，每个元素包含驾驶员在特定时隙内在特定路段上的行驶时间；构建一个（时隙、时隙）矩阵捕获时隙之间的相似性；构建一个（道路 Segment，地理特征）矩阵，为路段提供附加信息。

耦合矩阵张量分解在张量部分加上了一个 Tucker 模型，低阶分解补全缺失值，Tucker 可以捕获更多非线性的数据变化。

图 1–13 展示了由两个主要部分组成的模型框架。使用地图匹配算法[215]将当前时隙中接收到的每条轨迹投影到道路网络上，然后利用轨迹（结合路网数据）构造三阶张量，其中三阶张量分别代表路段、时段和驾驶员。

每个入口是特定时间段内特定路段上特定驾驶员的行驶时间。根据一定的时间间隔将一天划分为几个时间段（如将一天划分为 48 个时间段，实验中每个时间段为 30 分钟）。显然，张量是非常稀疏的（即有许多没有值的条目），因为司机只能在一个时间段内行驶几个路段。为了解决数据稀疏问题，作者从道路网络数据和轨迹中提取了三类特征，包括地理空间、时间和历史背景。

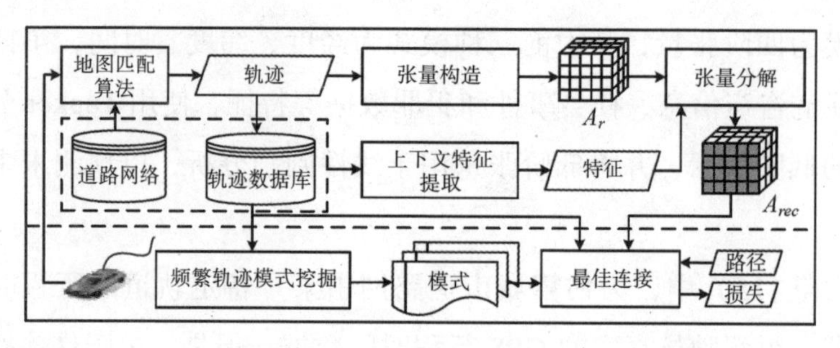

图 1-13　全方位实时估计模型框架

Zheng 等 [151] 对纽约市噪声投诉数据进行分析，以确定该市一周内不同时段的主要噪声污染源。噪声投诉数据非常稀疏，其中一些区域被过度描述，而有些区域被低估或根本不存在。为了克服数据稀疏性问题，作者将噪声投诉数据与模式（区域、噪声类别、时隙）形成张量，并将其与包含区域、噪声类别和时隙附加信息的矩阵进行耦合。利用耦合矩阵张量分解和 Tucker 分解，能在几乎没有或根本没有投诉的区域和时隙中补全噪声信息的缺失值。图 1-14 展示了噪声诊断系统的体系结构，它由三个主要层组成：①数据采集；②噪声推理；③提供服务。

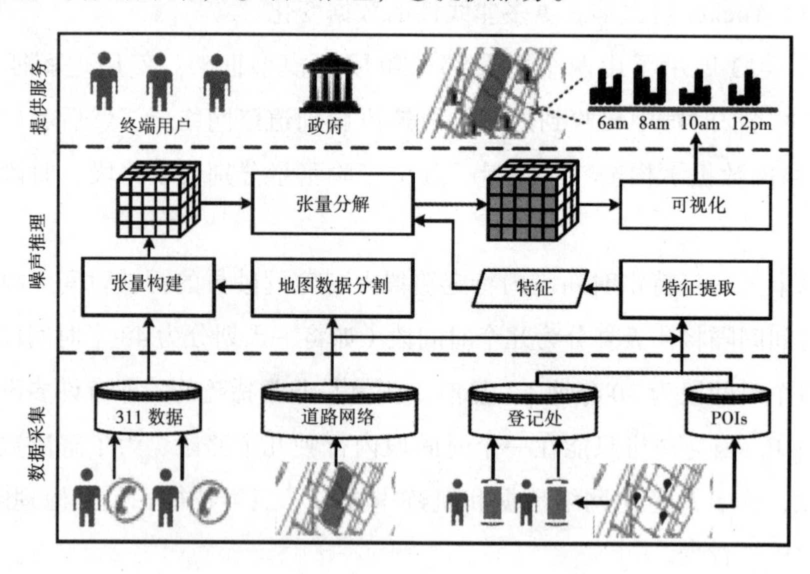

图 1-14　城市噪声诊断框架

Zhang 等人[152]研究城市环境中驾驶员的加油行为，以便更好地规划加油站的布置和在最短等待时间内推荐附近的加油站。现有的驾驶员数据存在稀疏性问题，作者通过低阶分解和构建（加油站、小时、天）张量来解决。该系统有四个主要组件，如图 1–15 所示。

（1）加油事件检测（refueling event detection）。在这一部分，从原始轨迹中提取大量候选对象，然后应用滤波算法得到最终结果。

（2）预期持续时间学习（expected duration learning）。对于包含资源充足的单元，其预期持续时间用检测到资源的平均持续时间表示。对于资源不足的单元，CATF 方法考虑了影响加油决策的各种因素，并训练了一种上下文感知的协同过滤方法来预测其预期持续时间。

（3）到达率计算（arrival rate calculation）。在排队理论模型的基础上，根据一个单元的期望持续时间，对其到达率进行统计推断。

（4）城市加油分析（urban refueling analysis）。根据以往获得的数据，从空间、时间和经济等方面分析不同群体的加油方式。

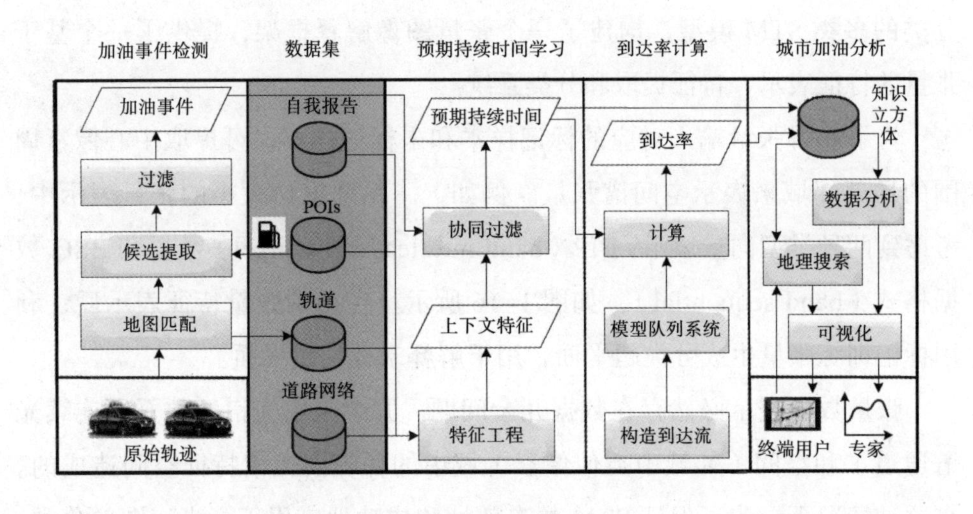

图 1–15 感知城市加油行为系统框架

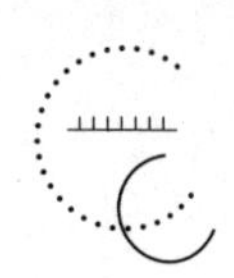

1.3.7 遥感

借助高光谱成像技术，能够捕获不同光谱范围内的光谱图像，通过光谱中不同部分的光来创建场景或对象的多个图像。高光谱图像可用于目标和物体的检测，并能远距离识别材料。高光谱图像的最简单张量模型是空间行 × 空间列 × 波长的三阶张量，主要是用于目标检测和分类 [143–145] 或空间物体材料识别 [146]。文献 [147] 使用高阶张量模型，该模型在三阶的高光谱张量增加了两个维度，构成一个空间行 × 空间列 × 波长 × 尺度 × 方向的五阶张量，尺度和方向是 Gabor 函数的参数，取为常数。

Guo 等 [216] 提出了专门为高光谱图像分类而开发的多类支持张量机。将高光谱图像处理为一个数据立方体，然后识别张量空间中的信息。多类支持张量机是从一组二分类支持张量机中开发出来的，使用一对一的并行策略。为了降低张量数据的冗余度，同时保持张量数据的完整性，采用多线性主成分分析进行预处理。主要的贡献是，提出了一种新的高光谱图像分类的多类 STM 模型，构建了一个张量图像解释框架，提供了一个基于张量的特征表示、特征提取和分类系统。

为了获得张量输入对应的标记样本和未标记样本，可提取中心像素周围的局部邻域来表示空间谱张量。例如，一系列窗口大小的张量表示中，考虑到两种类型向量表示：BIP（band interleaved by pixel）数据和 BSQ 数据格式（band sequential），如图 1–16 所示。在得到张量特征表示后，利用标记训练张量生成分类超平面，用于解释未标记超平面。

张量数据表示必然存在数据冗余问题。冗余是由光谱（数百个连续光谱通道）和空间（邻域中类似像素）域中的稀疏高光谱特征空间造成的。在这种情况下，为了保证 STM 的有效性和成功地应用于高光谱图像分类，需要进行预处理。作者采用基于张量的维数约简方法（如 MPCA）对 STM 分类进行预处理，图 1–17 总结了基于张量的分类框架流程。

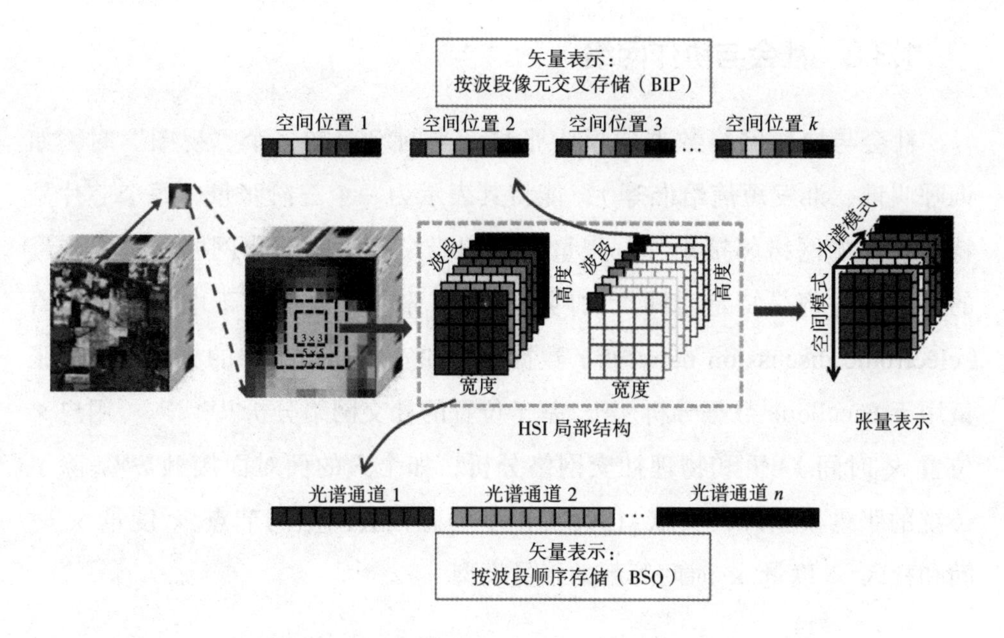

图 1-16　高光谱图像矢量和张量表示的比较

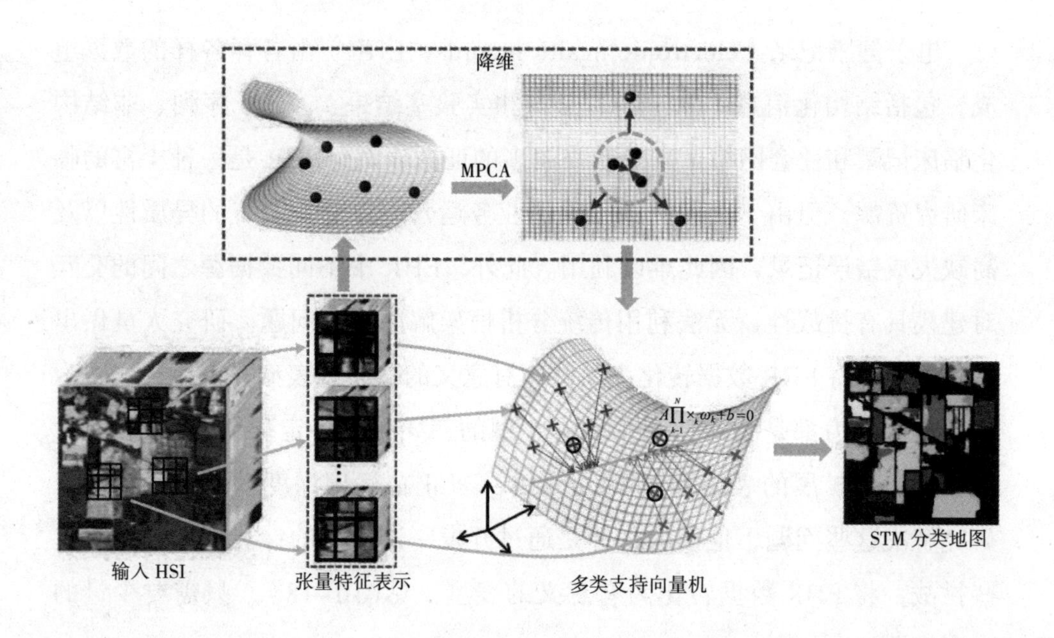

图 1-17　基于 MPCA-STM 的分类框架流程图

1.3.8 社会与协作网络

社会与协作网络数据建模为张量，当网络存在多个“视图”时（如谁呼叫谁、谁发短信给谁等），能将其表示为一个三阶张量，每个芯片是特定视图的网络邻接矩阵。张量还被用于模拟时间演化网络，其中张量的每个前片都是特定时间点的网络快照。张量方法能用于电子讨论网络（electronic discussion network）数据集（如安然公司）中的异常分析、张量用于 Facebook 数据分析[156]、基于位置的社交网络分析[152–155]。（用户 × 位置 × 时间）[157] 和物理社交网络分析，如个人的面对面接触[158]。除了传统的张量模型外，文献 [159] 提出了动态社会网络的节点 × 度量 × 时间和社区 × 度量 × 时间等新的张量模型。

1.3.9 医疗保健应用

电子健康记录（electronic health records，EHR）由各种各样的数据组成，包括结构化信息（如诊断、药物和实验室结果）、分子序列、非结构化临床记录和社会网络信息。越来越多的证据表明，EHR 是一种丰富的临床研究资源，但由于其面向医疗保健业务运营、跨商业系统的异质性以及高缺失或错误记录，因此难以利用。此外，EHR 中不同数据源之间的交互对建模具有挑战性，无法利用传统分析框架解决这个问题。研究人员做出各种努力，将 EHR 数据转化为简洁而有意义的概念或表型。但是，迄今为止，这些努力都是临时的和劳动密集型的，导致了特定环境的特定表型，迫切需要可扩展的表型方法。Sun 团队[218] 正在运用深度学习和张量学习研究解决这些问题，他们的目标是通过开发一个通用的计算框架来解决这些挑战，将 EHR 数据转化为有意义的表型（见图 1–18），只需要少量的专家指导。

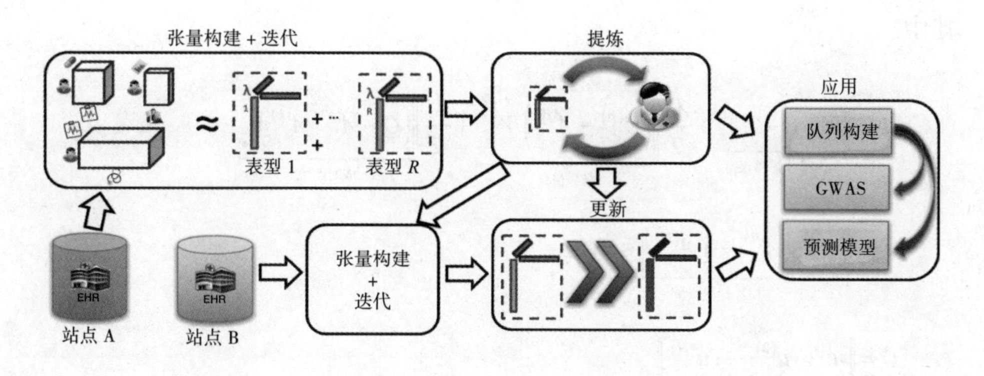

图 1-18　张量分解表型

Ho 等[161] 使用张量技术自动从电子健康记录中获得表型候选，并提出了一个基于 CP 模型的张量分解，其中每个候选表型都是（患者、诊断、程序）CP 分解的秩一分量。张量分解也被应用于 EHR 以预测心脏衰竭，采用了药物 × 患者 × 诊断张量模型。张量也被用于生物信息学中，用于模拟和诊断疾病的微阵列基因表达张量（基因 × 样本 × 时间）[162]。张量分解最近在流行病学中被用于检测和发现疾病暴发 [163-164]，作者提出监测任务采用空间 × 时间 × 指标的三阶张量。

计算表型是将异构 EHR 转化为有意义的临床概念的过程。无监督的表型方法利用大量标记的 EHR 数据进行表型发现。然而，现有的无监督表型方法不包含当前的医学知识，不能直接处理缺失或噪声数据。Wang 等[217] 提出了一个受约束的非负张量分解和表型的补全 Rubik 方法。作者将问题形式化为式（1-3），Rubik 包含现有的医学知识指导约束和获取的成对约束、不重叠的表型。Rubik 内置张量补全，可以消除噪声和丢失数据的影响，使用交替方向乘子法（ADMM）框架对张量进行因式分解和补全。

$$\begin{cases} \min\limits_{\mathcal{X},\ \mathcal{T},\ \mathcal{C}} \left\{ \Phi(\mathcal{X},\ \mathcal{T},\ \mathcal{C}) \right\} \\ \text{s.t. } \underbrace{\mathcal{P}_{\Omega}(\mathcal{X}) = \mathcal{P}_{\Omega}(\mathcal{O})}_{\text{完成}} \end{cases} \tag{1-3}$$

其中

$$\Phi = \underbrace{\left\| \mathcal{X} - \mathcal{C} - \mathcal{T} \right\|_F^2}_{\text{因子分解错误}} + \frac{\lambda_a}{2} \underbrace{\left\| \left(A^{(p)} - \widetilde{A}^{(p)} \right) W \right\|_F^2}_{\text{指导信息}} + \frac{\lambda_q}{2} \underbrace{\left\| \left(Q - A^{(k)T} A^{(k)} \right) \right\|_F^2}_{\text{成对约束}},$$

$$\underbrace{\mathcal{T} = \left[\!\left[A^{(1)};\ A^{(2)};\cdots;A^{(N)} \right]\!\right] \in \Omega_T}_{\text{相互作用张量}}$$

$$\underbrace{\mathcal{C} = \left[\!\left[u^{(1)};\ u^{(2)};\cdots;u^{(N)} \right]\!\right]}_{\text{偏张量}}。$$

1.3.10 智能交通系统

在智能交通系统中，交通数据（起点 × 终点矩阵）经常被用于交通规划和管理。张量分解用在源 × 目的 × 时间三阶张量上挖掘交通结构 [165–167]，它在城市规划和交通拥堵控制中有着重要的应用。张量还用于预测交通张量中的缺失值（称为张量补全）[168–169]。

1.3.11 语音图像处理与计算机视觉

Nion 等 [170] 利用 CP 分解进行盲源分离（blind source separation，BSS）。BSS 仅需使用一组传感器测量信息就能估算未知信道混合的信号问题。盲源分离出现在诸如语音分离之类的场景中，每个信号都指向一个人的语音，而传感器则指向麦克风。作者使用 CP 方法，CP 的唯一性特性可以为问题不确定的情况提供保证。Liu 等 [171] 提出了一种基于张量的方法来补充一系列图像中的缺失值。作者定义了张量的跟踪范数，并扩展了使用矩阵跟踪范数的矩阵补全算法。

Vasilescu 和 Terzopoulos 提出了张量人脸 [172]，使用张量分析人脸图像集合。该方法将人脸图像分为不同图像模式（如不同姿势、不同照明或不同面部表情）。28 名男性受试者被拍摄成 5 个姿势，3 个光照和 3 个表情，

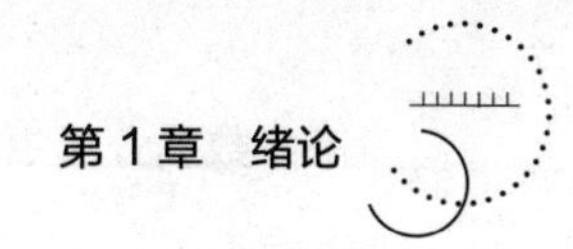

每张图像 7943 像素。作者将 hosvd 应用于图像分析，并根据数据的所有模式识别每张图片的主要变化。Tao 等 [173] 提出 hosvd 结合贝叶斯模型处理三维人面数据。

1.3.12 其他应用

张量在 Web 挖掘 [174–175] 和 Web 搜索知识库 [177–179]、信息检索 [176]、主题建模 [180–181] 和气候等领域也得到广泛的应用。张量分解在地震学中得到了应用，在文献 [182] 中建立了空间 × 时间 × 频率的三阶张量，用于预测地震后的地面运动。利用连续小波变换对地震地面运动加速度记录进行变换，得到时频分量。张量分解用于分析气候张量（气候指标 × 网格 × 时间）[183–185]，使其能够预测气候变化。

综上所述，深度神经网络张量化研究主要集中在对单层（卷积或全连通）进行参数化，并分层张量化，使用不同的张量来参数化神经网络层，而不是用一个高阶张量参数化神经网络层。这种方法就无法学习不同张量维度的关系，因此，也无法完全捕捉网络结构。张量学习算法和张量应用研究是一个新兴的研究领域，需要研究人员更深入地进行拓展和研究，特别是结合新一代人工智能技术，进一步开展分布式张量学习理论与应用研究。

1.4 本书主要研究内容

人工智能技术在近几年持续取得突破，已经迅速发展成为学术界、工业界与世界各国政府关注的热点，并被提升到国家战略高度。机器学习和大数据及其分析作为新一代人工智能的核心研究领域，虽然取得了一系列的研究成果，但是传统机器学习在处理和分析复杂高维数据方面存在一些困难。针对此问题，本书运用张量代数基础理论并结合机器学习方法，对

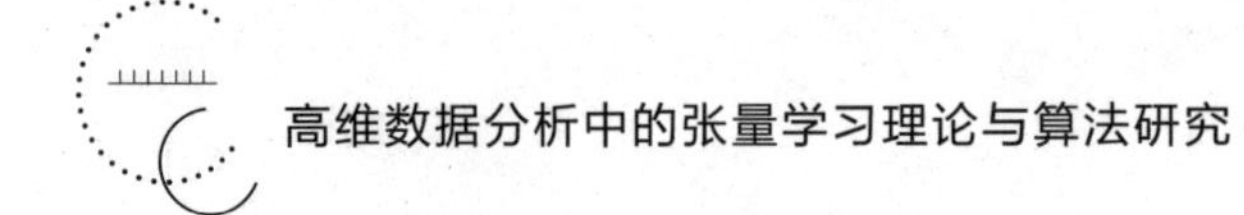

张量学习展开一系列研究。本书的主要研究内容如下：

第一，提出了支持张量描述和核支持张量描述，并将其用于感知张量数据的异常检测。该方法是将支持向量描述算法扩展到张量空间，构成支持张量描述算法。它能直接处理张量数据，不需要将张量数据展开成向量数据，从而保持原始数据的内部结构和数据间关联关系，避免“维数灾难”问题。通过张量的CP分解和内积，求解出支持张量描述的核函数，核函数取代内积，形成核支持张量数据描述，并设计了用于感知张量数据异常检测的算法。

第二，提出了OCSTuM（张量Tucker学习机）和GA-OCSTuM方法，并将其用于传感器数据的异常检测。CP分解方法需要评估秩来逼近原始张量，使用Tucker分解能获得更精确的张量分解，而且Tucker分解可以通过调整核心张量的维数来减小维数，因此，Tucker分解用于压缩大规模数据中每个样本的属性。将单类支持向量机从向量空间扩展到张量空间，并应用Tucker分解，提出无监督OCSTuM；针对传感器数据存在大量冗余信息的问题，利用遗传算法进行数据的特征选择和搜索最优的模型参数，构建GA-OCSTuM算法，该方法能有效地提高检测性能。

第三，提出了极限张量学习算法。以神经网络为理论基础，将极限学习机的权值矩阵转化成高维张量表示，应用张量Tensor-Train分解低秩逼近原始张量，构建Tensor-Train层，该层取代神经网络模型中的输入层到隐含层的权值矩阵，构建极限张量学习机，在保持性能不变或下降很小的情况下，能极大地压缩网络参数，降低存储量。

第 2 章　张量代数基础理论

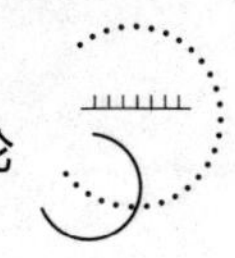

张量代数是张量学习及其应用于张量数据分析的理论基础，基于张量的多路模型广泛应用于医学与神经科学、计算机视觉、脑电图和大规模社会网络等领域，因此，了解张量代数有助于更深刻地理解张量学习及其应用。本章主要简单介绍张量概念、相关的运算及张量分解和张量监督学习，主要参考了文献的 [27–29，191]。

2.1　张量分解理论

2.1.1　张量及其表示

表 2–1 定义了本书使用符号的含义。数据按一相同分析排列的称为一路阵列，标量是零路阵列的表示，向量是数据在垂直方向或水平方向排列的一路阵列，而矩阵是在垂直方向或水平方向排列的二路阵列。张量定义如表 2–1 所示。

表2–1　专用术语总结

符号	定义
$\mathcal{X}$，$\mathcal{Y}$	Euclid Math One 表示张量
x，y	小写字母表示标量 scalar
$\boldsymbol{X}$，$\boldsymbol{Y}$	大写字母表示矩阵
$\mathrm{vec}(\cdot)$	张量的列向量化
$\circ$	外积（Out Product）
$\otimes$	Kronecker 积
$\odot$	Khatri–Rao 积
$\langle \bullet, \bullet \rangle$	内积，Inner Product
$\Vert \bullet \Vert_F$	张量 Frobenius 范数

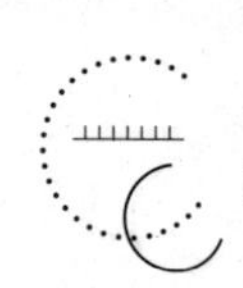

定义 1　张量（tensor） N阶张量$\mathcal{X}\in\Re^{I_1\times I_2\times\cdots\times I_N}$是$N$路数据阵列，其元素表示为$x_{i_1,i_2,\cdots,i_n}$，$i_n\hat{I}\{1,2,\cdots,I_n\}$，$1£n£N$。张量是多维数组，可以看作向量、标量以及矩阵的一般形式。张量的阶N=1时，就是向量；当张量的阶N=0时，该张量是标量；当张量的阶N=2时，该张量被称为矩阵。

注意：本书中的张量专指多路阵列，而物理和工程中的张量（如应力张量）在数学中称为张量场（tensor fields）。

张量纤维（tensor fiber）是只保留一个下标可变，固定其他所有下标不变而得到的一路阵列。张量切片（tensor slice）是一个二路阵列，定义为只保留两个下标可变，固定其他所有下标不变，可以用矩阵的集合表示。三阶张量有正面切片、水平切片以及侧向切片。

2.1.2　张量的基本运算

定义 2　内积（inner product） 若$\mathcal{X}$，$\mathcal{Y}\in\Re^{I_1\times I_2\times\cdots\times I_N}$，则$\mathcal{X}$和$\mathcal{Y}$的内积为标量，定义为两个张量的列向量化之间的内积：

$$(\mathcal{X},\ \mathcal{Y})=\left[\text{vec}(\mathcal{X}),\text{vec}(\mathcal{Y})\right]=\sum_{i_1=1}^{I_1}\sum_{i_2=2}^{I_2}\cdots\sum_{i_n=1}^{I_N}x_{i_1i_2\cdots i_N}y_{i_1i_2\cdots i_N} \qquad (2\text{-}1)$$

定义 3　Kronecker 积（kronecker product） Kronecker 积也称为直积（direct product）或张量积（tensor product），给定两个矩阵$\boldsymbol{A}\in\Re^{I\times J}$和$\boldsymbol{B}\in\Re^{K\times L}$的 kronecker 积为：

$$(\boldsymbol{A}\otimes\boldsymbol{B})=\begin{bmatrix} A(1,\ 1)\ B & \cdots & A(1,\ j)\ B & \cdots & A(1,\ J)\ B \\ \vdots & \cdots & \vdots & \cdots & \vdots \\ A(\ i,\ 1)\ B & \cdots & A(\ i,\ j)\ B & \cdots & A(1,\ J)\ B \\ \vdots & \cdots & \vdots & \cdots & \vdots \\ A(\ I,\ 1)\ B & \cdots & A(\ I,\ j)\ B & \cdots & A(\ I,\ J)\ B \end{bmatrix} \qquad (2\text{-}2)$$

其大小为（$IK\times JL$）。

定义 4　Khatri-Rao 积（Khatri-Rao product） 给定两个具有相同列

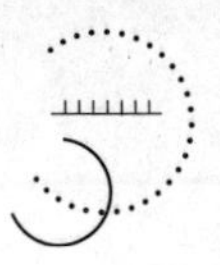

数的矩阵 $\boldsymbol{A}\in\Re^{I\times J}$ 和 $\in\Re^{K\times J}$，它们的 Khatri–Rao 积是两个矩阵对应列向量的 kronecker 积，即：

$$A\odot B=\left[A(:,1)\otimes B(:,1)\cdots A(:,\ j)\otimes B(:,\ j)\cdots A(:,\ J)\otimes B(:,\ J)\right]\in\Re^{IK\times J}\quad(2\text{–}3)$$

定义 5　Hadamard 积（Hadamard product） 给定两个大小相同的矩阵 $\boldsymbol{A},\ \boldsymbol{B}\in\Re^{I\times J}$，Hadamard 积记为 $\boldsymbol{A}*\boldsymbol{B}$，其元素定义为两个矩阵对应位置元素的乘积：

$$\boldsymbol{A}*\boldsymbol{B}=\begin{bmatrix} A(1,\ 1)\ B(1,\ 1) & \cdots & A(1,\ j)\ B(1,\ j) & \cdots & A(1,\ J)\ B(1,\ J) \\ \vdots & \cdots & \vdots & \cdots & \vdots \\ A(i,\ 1)\ B(i,\ 1) & \cdots & A(i,\ j)\ B(i,\ j) & \cdots & A(i,\ J)\ B(i,\ J) \\ \vdots & \cdots & \vdots & \cdots & \vdots \\ A(I,\ 1)\ B(I,\ 1) & \cdots & A(I,\ j)\ B(I,\ j) & \cdots & A(I,\ J)\ B(I,\ J) \end{bmatrix},\quad(2\text{–}4)$$

其大小为（$I\times J$）。

Kronecker 积、Khatri–Rao 积和 Hadamard 积有如下性质：

$$\begin{aligned}
&(\boldsymbol{A}\otimes\boldsymbol{B})\ (\boldsymbol{C}\otimes\boldsymbol{D})=\boldsymbol{AC}\otimes\boldsymbol{CD},\\
&(\boldsymbol{A}\otimes\boldsymbol{B})^{\dagger}=\boldsymbol{A}^{\dagger}\otimes\boldsymbol{B}^{\dagger},\\
&\boldsymbol{A}\odot\boldsymbol{B}\odot\boldsymbol{C}=(\boldsymbol{A}\odot\boldsymbol{B})\odot\boldsymbol{C}=\boldsymbol{A}\odot(\boldsymbol{B}\odot\boldsymbol{C}),\\
&(\boldsymbol{A}\odot\boldsymbol{B})^{\mathrm{T}}(\boldsymbol{A}\odot\boldsymbol{B})=\boldsymbol{A}^{\mathrm{T}}\boldsymbol{A}\cdot\boldsymbol{B}^{\mathrm{T}}\boldsymbol{B},\\
&(\boldsymbol{A}\odot\boldsymbol{B})^{\dagger}=\left[(\boldsymbol{A}^{\mathrm{T}}\boldsymbol{A})\cdot(\boldsymbol{B}^{\mathrm{T}}\boldsymbol{B})\right]^{\dagger}(\boldsymbol{A}\odot\boldsymbol{B})^{\mathrm{T}}
\end{aligned}\quad(2\text{–}5)$$

$\boldsymbol{A}^{\dagger}$ 表示矩阵 $\boldsymbol{A}$ 的 Moore–Penrose 伪逆。

定义 6　张量 Frobenius 范数（tensor frobenius norm） 张量 $\mathcal{X}\in\Re^{I_1\times I_2\times\cdots\times I_N}$ 的范数是它的所有元素平方之和的平方根，即：

$$\|\mathcal{X}\|_F=\sqrt{\langle\mathcal{X},\ \mathcal{X}\rangle}=\left[\sum_{i_1=1}^{I_1}\sum_{i_2=2}^{I_2}\cdots\sum_{i_n}^{I_N}x^2\left(i_1,\ i_2,\cdots,i_N\right)\right]^{1/2}\quad(2\text{–}6)$$

定义 7　向量外积（vector output product） n 个向量 $a^{(i)}\in\Re^{i\times1}$，$i=1,2,\cdots,n$ 的外积记为 $a^{(1)}\circ a^{(2)}\circ\cdots\circ a^{(n)}$，其结果是一个 n 阶张量：

$$\mathcal{A}=a^{(1)}\circ a^{(2)}\circ\cdots\circ a^{(n)}\quad(2\text{–}7)$$

定义 8　秩 -1 张量（Rank-one tensor） 如果 N 阶张量 $\mathcal{X} \in \Re^{I_1 \times I_2 \times \cdots \times I_N}$ 能够被写成一个 N 个向量的外积，那么它就有秩 1，即：

$$\mathcal{X} = x^{(1)} \circ x^{(2)} \circ \cdots \circ x^{(N)} = \prod_{n=1}^{N} \circ x^{(n)} \tag{2-8}$$

定义 9　张量的展开或矩阵化（unfolding, matricization） 一个张量的 n 模式矩阵化用 $\boldsymbol{X}_{(n)}$ 表示，就是将 n 模式纤维作为矩阵的列，张量元素 $\left[i_{(1)}, i_{(2)}, \cdots i_{(n)}\right]$ 映射为矩阵元素 $\left[i_{(n)}, j\right]$，其中：

$$j = 1 + \sum_{p \neq n} \left(i_p - 1\right) J_p，以及 J_p = \begin{cases} 1，如果 p=1 或者如果 p=2 和 n=1 \\ \prod_{m \neq n}^{p-1} I_m，其他 \end{cases} \tag{2-9}$$

例如，假如张量 $\mathcal{X} \in \Re^{3 \times 4 \times 2}$ 正面切片，则：

$$\boldsymbol{X}_1 = \begin{bmatrix} 1 & 4 & 7 & 10 \\ 2 & 5 & 8 & 11 \\ 3 & 6 & 9 & 12 \end{bmatrix}, \boldsymbol{X}_2 = \begin{bmatrix} 13 & 16 & 19 & 22 \\ 14 & 17 & 20 & 23 \\ 15 & 18 & 21 & 24 \end{bmatrix} \tag{2-10}$$

三个 n 模式的矩阵化为：

$$\boldsymbol{X}_{(1)} = \begin{bmatrix} 1 & 4 & 7 & 10 & 13 & 16 & 19 & 22 \\ 2 & 5 & 8 & 11 & 14 & 17 & 20 & 23 \\ 3 & 6 & 9 & 12 & 15 & 18 & 21 & 24 \end{bmatrix}$$

$$\boldsymbol{X}_{(2)} = \begin{bmatrix} 1 & 2 & 3 & 13 & 14 & 15 \\ 4 & 5 & 6 & 16 & 17 & 18 \\ 7 & 8 & 9 & 19 & 20 & 21 \\ 10 & 11 & 12 & 22 & 23 & 24 \end{bmatrix}$$

$$\boldsymbol{X}_{(3)} = \begin{bmatrix} 1 & 2 & 3 & 4 & 5 & \cdots & 9 & 10 & 11 & 12 \\ 13 & 14 & 15 & 16 & 17 & \cdots & 21 & 22 & 23 & 24 \end{bmatrix}$$

定义 10　向量化（vectorization） 矩阵的向量化 $\boldsymbol{Y} = \left[y_1, y_2, \cdots, y_{\boldsymbol{T}}\right] \in \Re^{I \times T}$ 定义为：

$$y = \mathrm{vec}\left(\boldsymbol{Y}\right) = \left[y_1^{\mathrm{T}}, y_2^{\mathrm{T}}, \cdots, y_T^{\mathrm{T}}\right]^{\mathrm{T}} \tag{2-11}$$

定义 11　n 模式乘积（N-Mode product） 一个 N 阶张量 $\mathcal{X} \in \Re^{I_1 \times I_2 \times \cdots \times I_N}$ 和一个 $J \times I_n$ 矩阵 $\boldsymbol{U}$ 的 n 模式积用符号 $\mathcal{X} \times_n \boldsymbol{U}$ 表示。这是一个 $I_1 \times I_2 \times I_{n-1} \times J \times I_{n+1} \times \cdots \times I_N$ 的张量，其元素定义为：

$$\left(\mathcal{X} \times_n \boldsymbol{U}\right)_{i_1 i_2 \cdots i_{n-1} j i_{n+1} \cdots i_N} = \sum_{i_n=1}^{I_N} x_{i_1 i_2 \cdots i_N} u_{j_1 i_n} \tag{2-12}$$

也可以写成如下形式：$\mathcal{Y} = \mathcal{X} \times_1 \boldsymbol{U} \Leftrightarrow Y_{(n)} = \boldsymbol{U} X_{(n)}$。例如，定义一个三阶张量 $\mathcal{X}$ 如式（2-10）所示和 $\boldsymbol{U} = \begin{bmatrix} 1 & 3 & 5 \\ 2 & 4 & 6 \end{bmatrix}$，则 $\mathcal{Y} = \mathcal{X} \times_1 \boldsymbol{U} \in \Re^{2 \times 4 \times 2}$ 为：

$$\boldsymbol{Y}_1 = \begin{bmatrix} 22 & 49 & 76 & 103 \\ 28 & 64 & 100 & 136 \end{bmatrix},\ \boldsymbol{Y}_2 = \begin{bmatrix} 130 & 157 & 184 & 211 \\ 172 & 208 & 244 & 280 \end{bmatrix}$$

图 2-1 给出了三阶张量与矩阵之间的模 1 乘积的可视化图示。

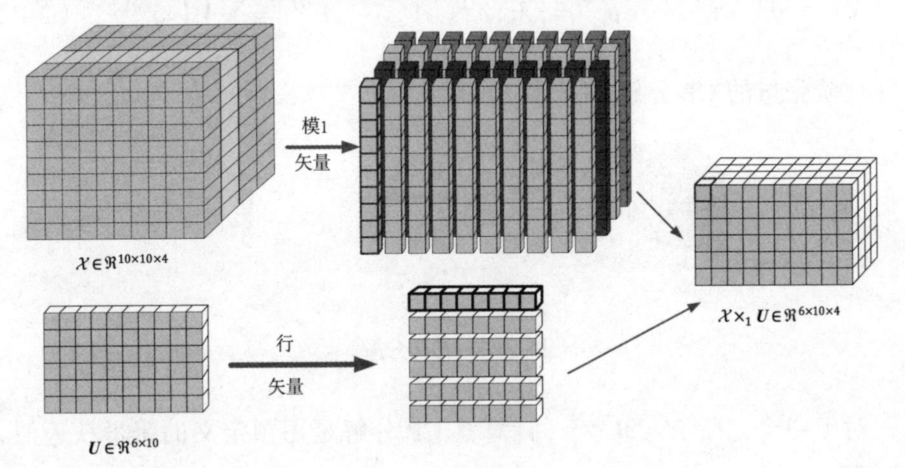

图 2-1　张量模式积

2.1.3　张量分解

为了对张量数据进行分析与挖掘，需要对数据张量进行分解。张量分解的概念是 Hitchcock 于 1927 年在 *Mathematics and Physics* 期刊上发表

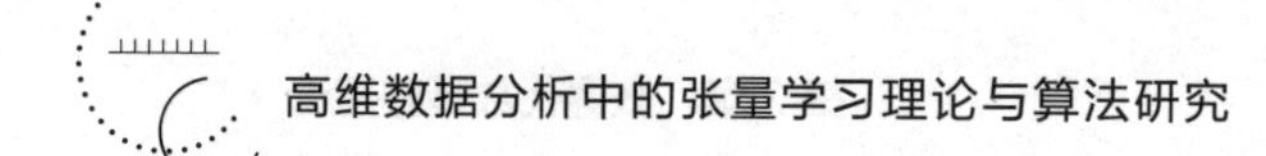

的两篇论文[82-83]中提出的，论证了一个张量能表达为有限个秩1张量之和，并将其称为典范多元分解（canonical polyadic decomposition，CPD）。Tucker分别在1963年[85]、1964年[86]和1966年[87]发表的论文中提出了张量因子分解方法。在1970年，Carroll与Chang以及Harshman分别独立地提出典范因子分解和平行因子分解，从而奠定了张量CP分解和Tucker分解的基础。

2.1.3.1 CP分解

定义12 CP分解(CP Decompositions)[29] 给定一个张量$\mathcal{X}\in\Re^{I_1\times I_2\times\cdots\times I_N}$和一个正整数$R$，则CP分解能被表示为：

$$\mathcal{X}=\sum_{r=1}^{R}a_r^{(1)}\circ a_r^{(2)}\circ\cdots\circ a_r^{(N)}=\left[\lambda;\ A^{(1)},\ A^{(2)},\cdots,\ A^{(N)}\right]=\sum_{r=1}^{R}\prod_{n=1}^{N}\circ a_r^{(n)} \qquad (2-13)$$

三阶张量的CP分解如图2-2所示。

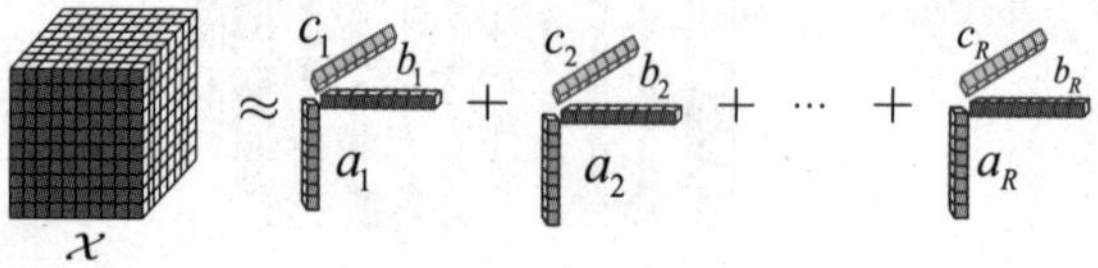

图2-2 CP分解

对于一个三阶$\mathcal{X}\in\Re^{I\times J\times K}$，计算其CP分解是用预定义的张量秩近似$\mathcal{X}$找到最优因子矩阵，需求解式（2-14）优化问题：

$$\min_{A,\ B,\ C}\left\|\mathcal{X}-[\![A,\ B,\ C]\!]\right\|_F^2 \qquad (2-14)$$

式（2-14）是一个非凸优化问题，无法直接求解该问题，应用交替最小二乘算法（alternating least squares，ALS）求解该优化问题。ALS方法保持B和C不变以求解A，然后固定A和C求解B，然后固定A和B求解C，并继续重复整个过程，直到满足某个收敛标准。在此框架下，式（2-14）可分为三个子问题，如式（2-15）所示：

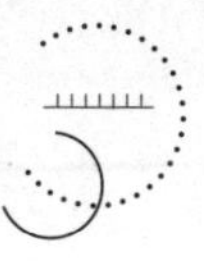

$$\min\left\|X_{(1)}-A(C\odot B)^{\mathrm{T}}\right\|_F^2,$$
$$\min\left\|X_{(2)}-B(A\odot C)^{\mathrm{T}}\right\|_F^2,\tag{2-15}$$
$$\min\left\|X_{(3)}-C(B\odot A)^{\mathrm{T}}\right\|_F^2。$$

式（2–15）的解如下：

$$A\leftarrow X_{(1)}(C\odot B)\left(C^{\mathrm{T}}C*B^{\mathrm{T}}B\right)^{\dagger},$$
$$B\leftarrow X_{(2)}(C\odot A)\left(C^{\mathrm{T}}C*A^{\mathrm{T}}A\right)^{\dagger},\tag{2-16}$$
$$C\leftarrow X_{(3)}(B\odot A)\left(B^{\mathrm{T}}B*A^{\mathrm{T}}A\right)^{\dagger}。$$

具体如算法 2.1 所示。

算法 2.1　ALS–CP
输入：张量 $\mathcal{X}\in\Re^{I\times J\times K}$ 和张量秩 R
输出：CP 分解的 λ，$A\in\Re^{I\times R}$，$B\in\Re^{J\times R}$，$C\in\Re^{J\times R}$
1. 初始化 A，B，C
2. 同时不满足收敛准则
3. $A\leftarrow X_{(1)}(C\odot B)\left(C^{\mathrm{T}}C*B^{\mathrm{T}}B\right)^{\dagger}$
4. 正交化矩阵 A 的列
5. $B\leftarrow X_{(2)}(C\odot A)\left(C^{\mathrm{T}}C*A^{\mathrm{T}}A\right)^{\dagger}$
6. 正交化矩阵 B 的列
7. $C\leftarrow X_{(3)}(B\odot A)\left(B^{\mathrm{T}}B*A^{\mathrm{T}}A\right)^{\dagger}$
8. 正交化矩阵 C 的列，将范数存入 λ
9. 结束

ALS 方法易于理解和实现，但需要多次迭代才能收敛。此外，不能保证收敛到全局最小值，仅适用于式（2–15）的目标函数减小的解。

2.1.3.2　Tucker 分解

Tucker 分解是矩阵奇异值分解（singular value decomposition，SVD）的另一种高阶推广，也称为高阶奇异值分解（higher-order singular value decomposition，HOSVD）。Tucker 分解是一种高阶 PCA，将一个张量分解

为一个核心张量（Core Tensor）乘以每个模式矩阵，因此，它有如下定义：

（1）定义。

定义 13　Tucker 分解（Tucker Decomposition）[29]　对于一个 n 阶张量 $\mathcal{W}\in\Re^{I_1\times I_2\times\cdots\times I_N}$，可以将其表示为

$$\mathcal{W}=\mathcal{G}\times_1 U^{(1)}\times_2 U^{(2)}\cdots\times_N U^{(N)}=\left[\mathcal{G};\ U^{(1)},\ U^{(2)},\cdots,U^{(N)}\right] \tag{2-17}$$

其中 $\mathcal{G}\in\Re^{R_1\times R_2\times\cdots\times R_N}$ 为核心张量，它的元素表示张量各个模式的关联程度，$\left\{U^{(i)}\in\Re^{I_i\times R_i}\right\}_{i=1}^{N}$ 是张量各个模式的因子矩阵（factor matrices），而且可以看作各个模式的主成分（principal components）。Tucker 分解如图 2-3 所示。

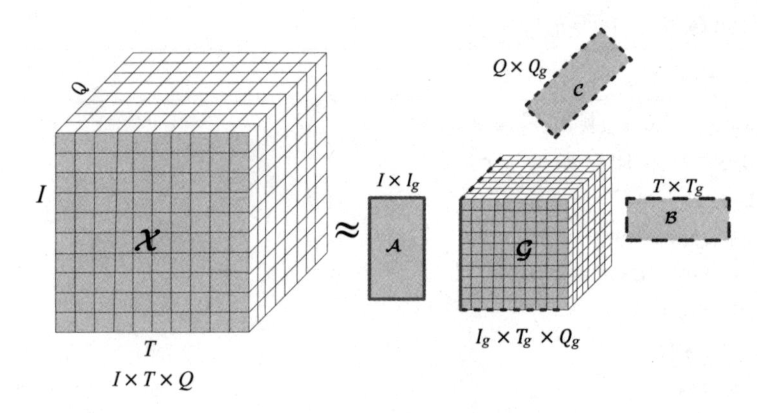

图 2-3　Tucker 分解

式（2-17）的矩阵化形式：

$$\boldsymbol{W}_{(n)}=\boldsymbol{U}^{(n)}\boldsymbol{G}_{(n)}\left(\boldsymbol{U}^{(N)}\otimes\cdots\otimes\boldsymbol{U}^{(n+1)}\otimes\boldsymbol{U}^{(n-1)}\otimes\cdots\otimes\boldsymbol{U}^{(1)}\right)^{\mathrm{T}} \tag{2-18}$$

M 个矩阵的 Kronecker 积为：

$$\boldsymbol{U}_{\otimes}=\boldsymbol{U}^{(M)}\otimes\boldsymbol{U}^{(M-1)}\otimes\cdots\otimes\boldsymbol{U}^{(1)} \tag{2-19}$$

将式（2-18）变换成式（2-20）形式：

$$\boldsymbol{W}_{(n)}=\boldsymbol{U}^{(n)}\boldsymbol{G}_{(n)}\left(\boldsymbol{U}^{(N)}\otimes\cdots\otimes\boldsymbol{U}^{(n-1)}\otimes\boldsymbol{U}^{(n-1)}\otimes\cdots\otimes\boldsymbol{U}^{(1)}\right)^{\mathrm{T}}=\boldsymbol{U}^{(n)}\boldsymbol{G}_{(n)}\overline{\boldsymbol{U}}^{\mathrm{T}} \tag{2-20}$$

其向量形式为 $\text{vec}\left(\boldsymbol{W}_{(1)}\right)=\boldsymbol{U}_{\otimes}\text{vec}\left(\boldsymbol{G}_{(1)}\right)$。

（2）计算和优化模型。HOSVD 是一种有效计算主要左奇异向量（leading left singular vectors）的方法，如算法 2.2 所示。

算法 2.2　HOSVD-Tucker
输入：张量 $\mathcal{X}\in\Re^{I_1\times I_2\times\cdots\times I_N}$ 和秩 $R_1,\ R_2,\cdots,R_N$ **输出**：Tucker 因子矩阵 $\boldsymbol{U}_1\in\mathbb{R}^{I_1\times R_1},\cdots,\boldsymbol{U}_N\in\mathbb{R}^{I_N\times R_N}$，核心张量 $\mathcal{G}\in\Re^{R_1\times R_2\times\cdots\times R_N}$ 1. 初始化 $\boldsymbol{A},\ \boldsymbol{B},\ \boldsymbol{C}$ 2. for $n=1,2,\cdots,N$ do 3. $[U,\ \Sigma,\ V]\leftarrow SVD\left(X_{(n)}\right)$ $U_n\leftarrow U(:,1:R_n)$ 4. end for 5. $\mathcal{G}\leftarrow\mathcal{X}\times_N\boldsymbol{U}_N^{\mathrm{T}}\times_{N-1}\boldsymbol{U}_{N-1}^{\mathrm{T}}\cdots\times_1\boldsymbol{U}_1^{\mathrm{T}}$

De Lathauwer 等人 [219] 提出了计算因子矩阵的更有效方法，并将其称为高阶正交迭代（HOOI）。设 $\mathcal{X}\in\Re^{I_1\times I_2\times\cdots\times I_N}$，有如下优化问题：

$$\begin{cases}\min\limits_{\mathcal{G},\ \boldsymbol{U}^{(1)},\cdots,\ \boldsymbol{U}^{(N)}}\left\|\mathcal{X}-[\![\mathcal{G};\ \boldsymbol{U}^{(1)},\cdots,\boldsymbol{U}^{(N)}]\!]\right\|_F^2\\ \text{s.t.}\ \ \mathcal{G}\in\mathbb{R}^{R_1,\cdots,R_N},\ \ \boldsymbol{U}^{(N)}\in\mathbb{R}^{I_n\times R_n},\left(\boldsymbol{U}^{(N)}\right)^T\boldsymbol{U}^{(N)}=\boldsymbol{I}_{R_n\times R_n}\end{cases}\tag{2-21}$$

对于式（2-21）的优化问题，可转化为如下问题：

$$\begin{aligned}&\left\|\mathcal{X}-[\![\mathcal{G};\ \boldsymbol{U}^{(1)},\cdots,\boldsymbol{U}^{(N)}]\!]\right\|_F^2\\&=\|\mathcal{X}\|_F^2-2\left\langle\mathcal{X},[\![\mathcal{G};\boldsymbol{U}^{(1)},\cdots,\boldsymbol{U}^{(N)}]\!]\right\rangle+\left\|[\![\mathcal{G};\ \boldsymbol{U}^{(1)},\cdots,\boldsymbol{U}^{(N)}]\!]\right\|_F^2\\&=\|\mathcal{X}\|_F^2-2\left\langle\mathcal{X}\times_1\left(\boldsymbol{U}^{(n)}\right)^{\mathrm{T}}\cdots\times_N\left(\boldsymbol{U}^{(N)}\right)^{\mathrm{T}},\ \mathcal{G}\right\rangle+\left\|[\![\mathcal{G};\ \boldsymbol{U}^{(1)},\cdots,\boldsymbol{U}^{(N)}]\!]\right\|_F^2\\&=\|\mathcal{X}\|_F^2-2\langle\mathcal{G},\ \mathcal{G}\rangle+\|\mathcal{G}\|_F^2\\&=\|\mathcal{X}\|_F^2-\|\mathcal{G}\|_F^2\\&=\|\mathcal{X}\|_F^2-\left\|\mathcal{X}\times_1\left(\boldsymbol{U}^{(n)}\right)^{\mathrm{T}}\cdots\times_N\left(\boldsymbol{U}^{(N)}\right)^{\mathrm{T}}\right\|_F^2\end{aligned}\tag{2-22}$$

所以优化问题转化为：

$$\begin{cases} \max\limits_{\boldsymbol{U}^{(n)}} \left\| \mathcal{X} \times_1 \left(\boldsymbol{U}^{(n)}\right)^{\mathrm{T}} \cdots \times_N \left(\boldsymbol{U}^{(N)}\right)^{\mathrm{T}} \right\|_F^2 \\ \mathrm{s.t.} \boldsymbol{U}^{(n)} \in \mathbb{R}^{I_n \times R_n}, \left(\boldsymbol{U}^{(n)}\right)^{\mathrm{T}} \boldsymbol{U}^{(n)} = I_{R_n \times R_n} \end{cases} \tag{2-23}$$

将式（2–23）转化成矩阵形式：

$$\begin{cases} \max\limits_{U^{(n)}} \left\| \left(\boldsymbol{U}^{(n)}\right)^{\mathrm{T}} X_{(n)} \left(\boldsymbol{U}^{(N)} \otimes \cdots \otimes \boldsymbol{U}^{(n+1)} \otimes \boldsymbol{U}^{(n-1)} \otimes \cdots \otimes \boldsymbol{U}^{(1)}\right) \right\|_F^2 \\ \mathrm{s.t.} \boldsymbol{U}^{(n)} \in \mathbb{R}^{I_n \times R_n}, \left(\boldsymbol{U}^{(n)}\right)^{\mathrm{T}} \boldsymbol{U}^{(n)} = I_{R_n \times R_n} \end{cases} \tag{2-24}$$

算法 2.3 中总结了高阶正交迭代（higher-order orthogonal iteration，HOOI）算法。这是计算因子矩阵和核心张量的一种比较有效的算法，其特点是使用 SVD 而不是特征值分解，只计算张量的水平展开 $X_{(n)}$ 的主要奇异向量。

算法 2.3 HOOI
输入：张量 $\mathcal{X} \in \Re^{I_1 \times I_2 \times \cdots \times I_N}$ 和秩 R_1，$R_2, \cdots, R_N$
输出：Tucker 因子矩阵 $\boldsymbol{U}_1 \in \mathbb{R}^{I_1 \times R_1}, \cdots, \boldsymbol{U}_N \in \mathbb{R}^{I_N \times R_N}$，核心张量 $\mathcal{G} \in \Re^{R_1 \times R_2 \times \cdots \times R_N}$
1. 利用 HOSVD 算法计算因子矩阵 $\boldsymbol{U}^{(n)} \in \mathbb{R}^{I_n \times R_n}$，$n$=1，2，⋯，$N$
2. for $n = 1,2,\cdots,N$ do
3. $\mathcal{Y} \leftarrow \mathcal{X} \times_1 \left(\boldsymbol{U}^{(1)}\right)^{\mathrm{T}} \cdots \times_N \left(\boldsymbol{U}^{(N)}\right)^{\mathrm{T}}$
$\boldsymbol{U}^{(n)} \leftarrow R_n$ 个 $Y_{(n)}$ 的主奇异向量
4. end for
满足要求停止（如最大迭代次数）
5. $\mathcal{G} \leftarrow \mathcal{X} \times_1 \left(\boldsymbol{U}^{(1)}\right)^{\mathrm{T}} \cdots \times_N \left(\boldsymbol{U}^{(N)}\right)^{\mathrm{T}}$

2.1.3.3 Tensor–Train 分解

Tensor–Train（TT）分解 [206]（也称 TT 格式）能实现处理高阶张量的“维数灾难”问题，而且不需要先验知识。TT 分解在量子物理界 [220–221] 被称为矩阵乘积态（matrix product state，MPS）表示。它是将一高阶张量分解为一系列矩阵和核心张量，相邻的核心张量通过 TT– 秩 Ri（common reduced mode）相互连接。

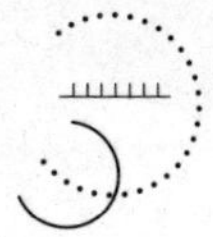

定义 14　对于 N 阶张量 $\mathcal{X} \in \mathbb{R}^{I_1 \times \cdots \times I_N}$ 来说，Tensor-train 分解形式如下：

$$\mathcal{X}(i_1,\ i_2,\cdots,\ i_d) = \sum_{r_1,\cdots,\ r_{d-1}} G_1(i,\ r_1)\mathcal{G}_2(r_1,\ j,\ r_2)\cdots\mathcal{G}_{d-1}(r_{d-1},\ d-1,\ r_{d-1})G_d(r_{d-1},\ d) \tag{2-25}$$

其中 $\mathcal{G}_n \in \mathbb{R}^{R_n \times I_n \times R_{n+1}}$ 是核心张量，n=1，2，…，N，R_n 为 TT- 秩，要求 $R_1 = R_{N+1} = 1$ 。对于四阶张量来说（见图 2-4），其分解形式如下：

$$X(i,\ j,\ k,\ l) = \sum_{r_1,\ r_2,\ r_3,\ r_4} G_1(i,\ r_1)G_2(r_1,\ j,\ r_2)G_3(r_2,\ k,\ r_3)G_4(r_3,\ l) \tag{2-26}$$

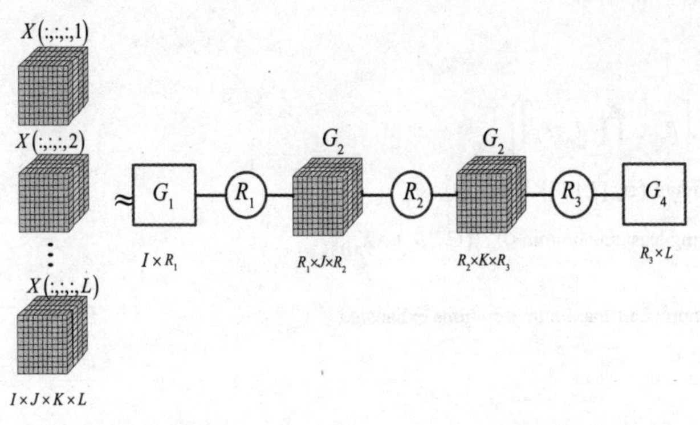

图 2-4　四阶张量的 Tensor-Train 分解

算法 2.4 给出了 TT 分解的序列奇异值分解的详细信息，其中运算 Length(·) 和 Reshape(·) 都是 MATLAB 函数。在大多数情况下，给定 TT- 秩，我们还可以通过 ALS 获得 TT 格式的核心张量。算法 2.5 给出了详细过程，其中运算 permute(·) 是一个 MATLAB 函数。

算法 2.4　Sequential SVD for TT decomposition (SSVD)
Input: $\mathcal{X} \in \mathbb{R}^{I_1 \times \cdots \times I_N}$, TT ranks $R_n, n = 1, \cdots, N$ 1. $M_0 = X_{(1)}, [U,S,V] = \mathrm{SVD}(M_0), R_1 = R_{N+1}, G^{(1)} = U, M_1 = SV$.repeat 2. $[U,S,V] = \mathrm{SVD}(\mathrm{Reshape}(M_{n-1}, R_n I_n, []))$ 3. $R = \mathrm{Length}[\mathrm{diag}(S)]$ 4. $R_{n+1} = R, \mathcal{G}^{(n)} = \mathrm{Reshape}(U, [R_n, I_n, R_{n+1}]), M_n = SV \quad n = N-1$ 5. $G^{(N)} = M_{N-1}$. Output : $G^{(1)}, \cdots, \mathcal{G}^{(n)}, \cdots, G^{(N)}$

算法 2.5 Basic ALS for TT decomposition of a tensor

Input: $\mathcal{X} \in \mathbb{R}^{I_1 \times \cdots \times I_N}$ and TT-rank threshold $R_{\max}$
initialize run SSVD for TT initialization

repeat
for $n = 1, \cdots, N$ do
if $n == N$
$\mathcal{B}_n = \mathcal{G}^{(1)}$
else if
$\mathcal{B}_n = \mathcal{G}^{(n+1)}$
for $m = [n+2, \cdots N, 1, \cdots, n-1]$ do
$\mathcal{B}_n = \left\langle \mathcal{B}_n, \mathcal{G}^{(m+1)} \right\rangle_1$
end for
$\mathcal{B}_n =$ Reshape $\left(\mathcal{B}_n, \left[R_{n+1}, \prod_{m=1, m \neq n}^{N} I_m, R_n \right] \right)$
$B_n =$ Reshape (Permute $\left(\mathcal{B}_n, [3,1,2] \right), R_n R_{n+1}, [] \right)$.
update $\mathcal{G}^{(n)}$ by solving least square min $\mathcal{G}^{(n)} \left\| \left(G_{(2)}^{(n)} B_n \right) - X_{(n)} \right\|_F^2$.
end for
until fit ceases to improve or maximum iterations exhausted
Output: $\mathcal{G}^{(n)}, n = 1, \cdots, N$

2.1.3.4 Tensor-Ring 分解

为了消除TT分解中的顺序不确定问题，Zhao等人[222]首次提出Tensor-Ring（TR）分解。

定义 15 Tensor-Ring 分解（tensor ring decomposition） 对于N阶张量$\mathcal{X} \in \mathbb{R}^{I_1 \times \cdots I_N}$来说，Tensor-Ring（TR）分解定义如下：

$$\mathcal{X}(i_1, i_2, \cdots, i_d) = \sum_{r_1, \cdots, r_{d-1}} G_1(i, r_1) \mathcal{G}_2(r_1, j, r_2) \cdots \mathcal{G}_{d-1}(r_{d-1}, d-1, r_{d-1}) G_d(r_{d-1}, d) \quad (2\text{-}27)$$

其中$\mathcal{G}_n \in \mathbb{R}^{R_n \times I_n \times R_{n+1}}$是核心张量，$n$=1，2，…，$N$，$R_n$为TR-秩。图2-5表示了Tensor-Ring分解。

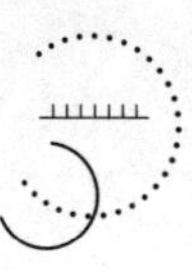

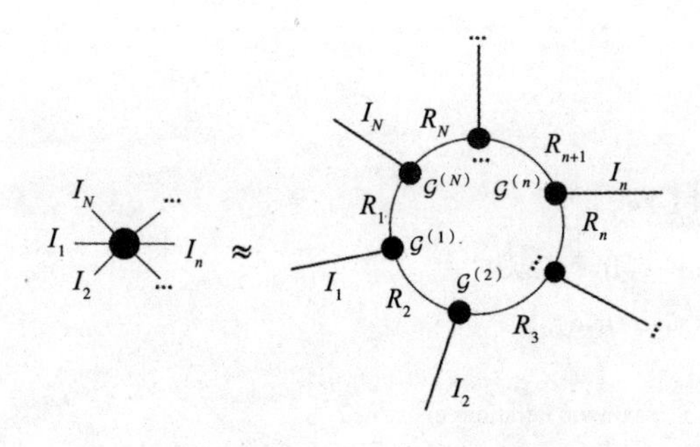

图 2-5　Tensor-Ring 分解

算法 2.6 和算法 2.7 为 TR 优化核的不同算法，其中 $\mathcal{B}_n = \overline{\bigotimes}_{i=1,\ i\neq n}^{N} \mathcal{G}^{(i)}$ 定义为核心张量 $\mathcal{G}^{(i)}$ 的收缩乘积。

算法 2.6　Sequential SVD for TR initialization
Input: $\mathcal{X} \in \mathbb{R}^{I_1 \times \cdots \times I_N}$, TR-rank threshold $R_{\max}$ initialize $\mathcal{G}^{(n)}, n = 1, \cdots, N$ 1. $M_0 = X_{(1)}, [U,S,V] = \mathrm{SVD}(M_0), R_1 = 1, R_2 = \min\{R, R_{\max}\}$, $\mathcal{G}^{(1)}(1:R_1,:,1:R_2) = U(:,1:R_2), M_1 = SV$ repeat 2. $[U,S,V] = \mathrm{SVD}(\ \mathrm{Reshape}\ (M_{n-1}, R_n I_n, []))$ 3.$R_{n+1} = \min\{R, R_{\max}\}, \mathcal{G}^{(n)} = \mathrm{Reshape}(U, [R_n, I_n, R_{n+1}])$ 4.$M_n = SV$ until $n = N-1$ 5.$\mathcal{G}^{(N)}(1:R_N,:,1:R_1) = M_{N-1}$ Output : $\mathcal{G}^{(n)}, n = 1, \cdots, N$

算法 2.7　Basic ALS for TR decomposition of a tensor

Input: $\mathcal{X} \in \mathbb{R}^{I_1 \times \cdots \times I_N}$ and TR-rank threshold $R_{\max}$
initialize run SSVD for TR initialization in Algorithm 2.6
for $n = 1, \cdots, N$ do
if $n == N$
$\mathcal{B}_n = \mathcal{G}^{(1)}$
else if
$\mathcal{B}_n = \mathcal{G}^{(n+1)}$
for $m = [n+2, \cdots N, 1, \cdots, n-1]$ do

$\mathcal{B}_n = \langle \mathcal{B}_n, \mathcal{G}^{(m+1)} \rangle_1$
end for
$\mathcal{B}_n = \text{Reshape}\left(\mathcal{B}_n, \left[R_{n+1}, \prod_{m=1,m\neq n}^{N} I_m, R_n\right]\right)$
$B_n = \text{Reshape}(\text{Permute}(\mathcal{B}_n, [3,1,2]), R_n R_{n+1}, [])$.
update $\mathcal{G}^{(n)}$by solving least square $\min_{\mathcal{G}^{(n)}} \left\| \left(G_{(2)}^{(n)} B_n\right) - X_{(n)} \right\|_F^2$
end for
until fit ceases to improve or maximum iterations exhausted
Output : $\mathcal{G}^{(n)}, n = 1, \cdots, N$

2.2 t-product 张量框架

在本部分中，我们将介绍各种张量积（tensor-tensor product），探索与 t- 线性算子相关的类矩阵性质，并包括这些积的代数解释。

2.2.1 t-product

为建立 t-product 张量框架，Kilmer 等提出了一些新概念和定义。设 $\mathcal{A}$ 为 $l \times m \times n$ 张量，固定张量第 3 阶为正面切片（frontal slices），$\boldsymbol{A}^{(k)}$ 是 $l \times m$ 矩阵，k=1，2，…，n；固定张量的第 2 阶为侧面切片（lateral slices），$\vec{\boldsymbol{A}}_j$ 是 $l \times n$ 矩阵，j=1，2，…，m；保持第 1、第 2 阶不变为管（tubes），是 $n \times 1$ 向量，i=1，2，…，1，j=1，2，…，n。（图 2-6）

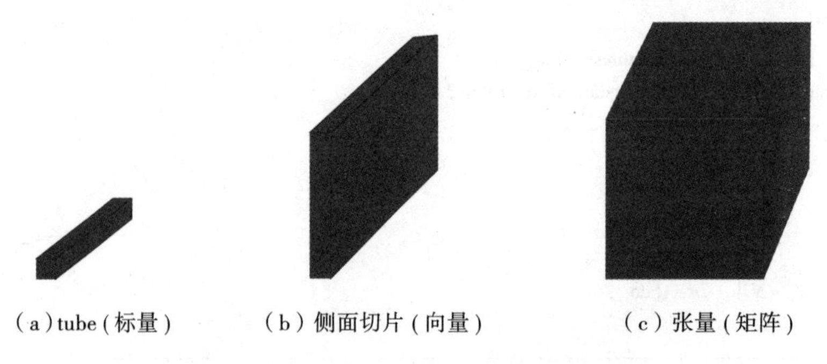

图 2-6　t-product 的类矩阵特性

2.2.2　基本概念与定义

定义 16　展开（unfold）与折叠（fold）　给定一个张量 $\mathcal{A}\in\mathbb{R}^{l\times m\times n}$，展开与折叠定义为：

$$\text{unfold}(\mathcal{A})=\begin{pmatrix}A^{(1)}\\A^{(2)}\\\vdots\\A^{(n)}\end{pmatrix}_{nl\times m},\text{fold}\left[\text{unfold}(\mathcal{A})\right]=\mathcal{A} \tag{2-28}$$

其中 $\text{unfold}(\mathcal{A})$ 可看成块向量，其元素是由张量 $\mathcal{A}$ 的正面切片构成的。

定义 17　循环（bcirc）　给定一个张量 $\mathcal{A}\in\mathbb{R}^{l\times m\times n}$，循环操作就是将一个张量转换成如下的一个块循环矩阵：

$$\text{bcirc}(\mathcal{A})=\begin{pmatrix}A^{(1)} & A^{(n)} & \cdots & A^{(3)} & A^{(2)}\\A^{(2)} & A^{(1)} & A^{(n)} & \cdots & A^{(3)}\\A^{(3)} & A^{(2)} & A^{(1)} & \ddots & \vdots\\\vdots & \ddots & \ddots & \ddots & A^{(n)}\\A^{(n)} & \cdots & A^{(3)} & A^{(2)} & A^{(1)}\end{pmatrix} \tag{2-29}$$

循环矩阵的第 1 列是 $\text{unfold}(\mathcal{A})$ 正面切片，其后的列是 $\text{unfold}(\mathcal{A})$ 循环移动得到的。

定义 18　t-product　给定两个张量 $\mathcal{A}\in\mathbb{R}^{l\times p\times n}$ 和 $\mathcal{B}\in\mathbb{R}^{p\times m\times n}$，t-product 操作符表示为“$*$”，定义为：

$$\mathcal{C}=\mathcal{A}*\mathcal{B}=\text{fold}\left[\text{bcirc}(\mathcal{A})\cdot\text{unfold}(\mathcal{B})\right],\ \mathcal{C}\in\mathbb{R}^{l\times m\times n} \tag{2-30}$$

为便于求导，将 t-Product 写成正面切片形式：

$$C^{(k)}=A^{(k)}\cdot B^{(1)}+\sum_{i=1}^{k-1}A^{(i)}\cdot B^{(k-i+1)}+\sum_{i=k+1}^{n}A^{(i)}\cdot B^{(n-i+1)},\quad k=1,2,\cdots,n \tag{2-31}$$

假设 $\mathcal{A}$ 是 $2\times2\times3$ 张量，其正面切片为：

$$A^{(1)}=\begin{bmatrix}1&0\\0&1\end{bmatrix},\ A^{(2)}=\begin{bmatrix}0&2\\2&0\end{bmatrix},\ A^{(3)}=\begin{bmatrix}0&3\\-3&0\end{bmatrix}$$

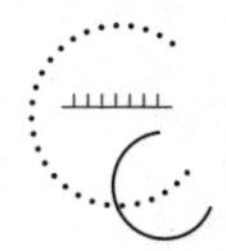

$\vec{\mathcal{B}}$ 是 $2\times1\times3$ 侧面切片（向量），其值为：

$$\vec{B}^{(1)}=\begin{bmatrix}1\\1\end{bmatrix},\vec{B}^{(2)}=\begin{bmatrix}0\\-2\end{bmatrix},\vec{B}^{(3)}=\begin{bmatrix}0\\3\end{bmatrix}$$

那么 t-product：

$$\vec{\mathcal{C}}=\mathcal{A}*\vec{\mathcal{B}}=\text{fold}\left[\text{bcirc}(\mathcal{A})\cdot\text{unfold}\left(\vec{\mathcal{B}}\right)\right]=\begin{bmatrix}1&0&0&3&0&2\\0&1&-3&0&2&0\\0&2&1&0&0&3\\2&0&0&1&-3&0\\0&3&0&2&1&0\\-3&0&2&0&0&1\end{bmatrix}\begin{bmatrix}1\\1\\0\\-2\\0\\3\end{bmatrix}$$

这样，$\vec{\mathcal{C}}=\mathcal{A}*\vec{\mathcal{B}}$ 就如下所示：

$$\vec{C}^{(1)}=\begin{bmatrix}1\\1\end{bmatrix},\vec{C}^{(2)}=\begin{bmatrix}11\\0\end{bmatrix},\vec{C}^{(3)}=\begin{bmatrix}-1\\0\end{bmatrix}$$

定义 19 t-product 转置 给定一个张量 $\mathcal{A}\in\Re^{l\times m\times n}$，其转置张量 $\mathcal{A}^T\in\Re^{m\times l\times n}$ 为张量 $\mathcal{A}$ 的正面切片的矩阵转置，如图 2-7 所示。

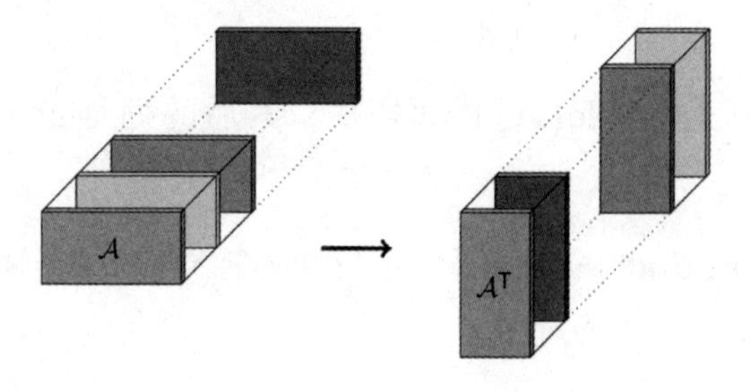

图 2-7 t-product 张量转置

2.2.3 离散傅里叶变换

归一化离散傅里叶变换（discrete fourier transformation，DFT）可以实现循环矩阵的对角化。将这一思想应用于分块循环矩阵，实现其对角化。DFT 在 t-product 张量中起着关键作用。

$\hat{x}=\boldsymbol{F}_n x$ 是 $x\in\Re^n$ 的傅里叶变换，傅里叶矩阵 $\boldsymbol{F}_n\in\mathbb{C}^{n\times n}$ 定义如下：

$$\boldsymbol{F}_n=\begin{bmatrix}1 & 1 & 1 & \cdots & 1\\ 1 & \omega & \omega^2 & \cdots & \omega^{(n-1)}\\ \vdots & \vdots & \vdots & \ddots & \vdots\\ 1 & \omega^{n-1} & \omega^{2(n-1)} & \cdots & \omega^{(n-1)(n-1)}\end{bmatrix} \tag{2-32}$$

其中 $\omega=\mathrm{e}^{-\mathrm{j}2\pi/n}$，$\mathrm{j}=\sqrt{-1}$ 是虚单位。假设张量 $\mathcal{B}\in\Re^{n_1\times n_2\times n_3}$ 的离散傅里叶变换（DFT）为 $\hat{\mathcal{B}}$，通过 $\hat{\mathcal{B}}(i,\ j,:)=F_{n_3}\mathcal{B}(i,\ j,:)$ 来计算（i，j）管（tube）。在 MATLAB 中，其计算方式为 $\hat{\mathcal{B}}=fft(\mathcal{B},[],3)$ 和 $\mathcal{B}=ifft(\hat{\mathcal{B}},[],3)$。

2.2.4　t-product 算法

给定一个张量 $\mathcal{A}\in\mathbb{R}^{l\times m\times n}$，$\mathrm{bcirc}(\mathcal{A})$ 是 $ln\times mn$ 块循环矩阵，它能够被式（2-33）对角化：

$$(F_n\otimes I_l)\cdot\mathrm{bcirc}(\mathcal{A})\cdot(F_n^H\otimes I_m) \tag{2-33}$$

其中 $\boldsymbol{F}_n$ 是归一化 $n\times n$ DFT 矩阵，$\boldsymbol{F}_n^H$ 是 $\boldsymbol{F}_n$ 的共轭转置矩阵（conjugate transpose），$\otimes$ 表示 Kronecker 积（Kronecker product）。对角化为式（2-34）：

$$(\boldsymbol{F}_n\otimes\boldsymbol{I}_l)\cdot\mathrm{bcirc}(\mathcal{A})\cdot(\boldsymbol{F}_n^H\otimes\boldsymbol{I}_m)=\begin{bmatrix}\hat{A}^{(1)} & & & \\ & \hat{A}^{(2)} & & \\ & & \ddots & \\ & & & \hat{A}^{(n)}\end{bmatrix} \tag{2-34}$$

定义 20　切片乘积（Facewise product） 给定两个张量 $\mathcal{A}\in\mathbb{R}^{l\times p\times n}$ 和 $\mathcal{B}\in\mathbb{R}^{p\times m\times n}$，“$\vartriangle$”表示切片乘积运算符，切片乘积为 $\mathcal{A}$ 的正面切片乘以对应 $\mathcal{B}$ 的正面切片：

$$\mathcal{C}=\mathcal{A}\vartriangle\mathcal{B}\equiv C^{(i)}=A^{(i)}\cdot B^{(i)} \tag{2-35}$$

上式中的正面切片是完全相互独立的，因此，切片乘积能实行并行计算，

T-Product 算法 2.8 如下：

算法 2.8　t-product
输入：张量$\mathcal{A}\in\Re^{l\times p\times n}$和$\mathcal{B}\in\Re^{p\times m\times n}$ 输出：张量$\mathcal{C}\in\Re^{l\times m\times n}$ 1. $\widehat{\mathcal{A}}=fft\left(\mathcal{A},[\ ],3\right)$ 2. $\widehat{\mathcal{B}}=fft\left(\mathcal{B},[\ ],3\right)$ 3. $\widehat{\mathcal{C}}=\widehat{\mathcal{A}}\vartriangle\widehat{\mathcal{B}}$ 4. $\widehat{\mathcal{C}}=ifft\left(\widehat{\mathcal{C}},[\ ],3\right)$

2.2.5　张量奇异值分解

定理 1　T-SVD　设$\mathcal{A}$是一个$n_1\times n_2\times n_3$实数值张量，$\mathcal{A}$能被分解为

$$\mathcal{A}=\mathcal{U}*\mathcal{S}*\mathcal{V}^{\mathrm{T}} \tag{2-36}$$

式中，$\mathcal{U}$、$\mathcal{V}$分别是$n_1\times n_1\times n_3$和$n_2\times n_2\times n_3$正交张量；$\mathcal{S}$是一个$n_1\times n_2\times n_3$对角张量。式（2–36）为张量奇异值分解（tensor SVD，T–SVD），T–SVD 算法 2.9 如下：

算法 2.9　T–SVD
输入：$n_1\times n_2\times n_3$张量$\mathcal{A}$ 输出：$\mathcal{U}\in\mathbb{R}^{n_1\times n_1\times n_3}$，$\mathcal{V}\in\mathbb{R}^{n_2\times n_2\times n_3}$和$\mathcal{S}\in\mathbb{R}^{n_1\times n_2\times n_3}$ $\widehat{\mathcal{A}}=fft\left(\mathcal{A},[\ ],3\right)$ for i=1，2，⋯，n_3 $\left[U,S,V\right]=svd\left[\widehat{\mathcal{A}}(:,:,\ i)\right]$ $\mathcal{U}(:,:i)=U$；$\mathcal{V}(:,:i)=V$；$\mathcal{S}(:,:i)=S$ $\mathcal{U}=iff\left(\mathcal{U},[\ ],3\right)$ $\mathcal{V}=iff\left(\mathcal{V},[\ ],3\right)$ $\mathcal{S}=iff\left(\mathcal{S},[\ ],3\right)$

2.3　张量学习算法

2.3.1　张量监督学习

2.3.1.1　张量回归

线性张量回归模型：标准的支持向量回归技术扩展到张量回归（Tensor Regression，TR）或支持张量机[5, 9]。TR 可以表示为：

$$y=f\left(\mathcal{X};\ \mathcal{W},\ b\right)=\langle\mathcal{X}\ ,\ \mathcal{W}\rangle+b \tag{2-37}$$

式中，$\mathcal{X}\in\Re^{I_1\times I_2\times\cdots\times I_N}$ 是输入张量回归量；$\mathcal{W}\in\Re^{I_1\times I_2\times\cdots\times I_N}$ 是权值张量，b 为偏置；y 为输出回归；$\langle\mathcal{X}\ ,\ \mathcal{W}\rangle=\mathrm{vec}\left(\boldsymbol{\mathcal{X}}\right)^{\mathrm{T}}\mathrm{vec}\left(\mathcal{W}\right)$，是两个张量的内积。$\left\{\mathcal{X}_i,\ y_i\right\}$，$i=1,2,\cdots,M$ 是训练样本集，训练过程就是根据训练样本集估算权值张量和偏置 b。

这个问题通常被表述为式（2-38）平方代价函数（squared cost function）的最小化：

$$J\left(\mathcal{X},\ y|\mathcal{W},\ b\right)=\sum_{m=1}^{M}\left[y_m-\left(\langle\mathcal{W},\ \mathcal{X}_m\rangle+b\right)\right]^2 \tag{2-38}$$

对于海量复杂数据问题，张量网络近似地表示张量，特别是可以用 CP、Tucker 和 Tensor-Train/ 分层 Tucker（Hierarchical Tucker，HT）模型。权值张量的 CP 分解形式如下：

$$\begin{aligned}\mathcal{W}&=\sum_{r=1}^{R}a_r^{(1)}\circ a_r^{(2)}\circ\cdots\circ a_r^{(N)}\\&=\mathcal{I}\times_1 A^{(1)}\times_2 A^{(2)}\cdots\times_N A^{(N)}\end{aligned} \tag{2-39}$$

得到 CP 张量回归（CP tensor regression）[188]。类似地，如果用 Tucker 分

解张量表示：

$$\mathcal{W}=\mathcal{G}\times_1 U^{(1)}\times_2 U^{(2)}\cdots\times_N U^{(N)} \tag{2-40}$$

就可以获得 Tucker 张量回归（tucker tensor regression）[188-190]，Tucker 张量回归算法 2.10 如下。

算法 2.10 multilinear tucker regression

Input $\mathcal{X}\in\Re^{I_1\times I_2\cdots\times I_K\times N}$ and $\mathcal{Y}\in\Re^{J_1\times J_2\cdots\times J_K\times N}$

Output $\{W_k\}_{k=1}^{K}$

1.initialize randomly $\{W_k\}$

2.while not converged or iteration limit is not reached do

3.for n=1 to N do

4. $\mathcal{X}^{(n)}=\mathcal{X}\times_1 W_1\times_2 W_2\cdots\times_K W_K$

5.Matricize tensor $\mathcal{X}^{(n)}$ and $\mathcal{Y}$ into their respective unfolded

6.matrices $X_{(k)}^{(k)}$ and $Y_{(k)}$

7.Compute $W_k=Y_{(k)}\left(X_{(k)}^{(k)}\right)^{\mathrm{T}}\left(X_{(k)}^{(k)}\left(X_{(k)}^{(k)}\right)^{\mathrm{T}}\right)^{-1}$

8.end for

9.end while

假设张量回归的输入是向量，响应是张量结构 $\left\{\left[\left(x^{(n)},\ \mathcal{Y}^{(n)}\right)\right]_{n=1}^{N}\right\}$，对于该回归任务，可以通过对每个输出张量进行向量化并在 $\left\{\left[x^{(n)},\mathrm{vec}\left(\mathcal{Y}^{(n)}\right)\right]\right\}_{n=1}^{N}$ 执行标准低秩回归来求解。这种方法会导致向量化过程中输出张量的结构信息丢失，并忽略了输出中可能存在的更高层的依赖关系。秩张量响应回归 [198, 199, 223, 224] 能有效克服这些问题。考虑一个多变量回归任务，其中响应具有张量结构。设 f：$\Re^{I_0}\rightarrow\Re^{I_1\times I_2\times\cdots\times I_N}$ 为从输入输出数据 $\{x_m,\ \mathcal{Y}_m\}_{m=1}^{M}$ 学习的函数。模型如下：

$$\mathcal{Y}=\mathcal{W}\times_1 x+\mathcal{E} \tag{2-41}$$

式中，$\mathcal{E}$ 为误差张量；$x\in\Re^{I_0}$；$\mathcal{Y}\in\Re^{I_1\times I_2\times\cdots\times I_N}$；$\mathcal{W}\in\Re^{I_0\times I_1\times I_2\times\cdots\times I_N}$ 是张量回归系数。将低阶回归方法推广到张量结构响应，可以通过加强回归张量的低秩多线性，得到高阶低秩回归（Higher-Order Low Rank Regression, HOLRR）[198,199]，HOLRR 算法 2.11 如下。根据训练数据将损失函数最小化，

找到一个低阶回归张量$\mathcal{W}$。

算法 2.11　HOLRR 算法

输入：$X \in \Re^{M \times I_0}$，$\Re^{M \times I_1 \times I_2 \times \cdots \times I_N}$，$\text{rank}(R_0, R_1, \cdots, R_N)$和一个正则化参数$\lambda$

输出：$\mathcal{W} = \mathcal{G} \times_1 U^{(0)} \times_2 U^{(1)} \cdots \times_{N+1} U^{(N)}$

1. $U^{(0)} \leftarrow$ top R_0 eigenvectors of $\left(\boldsymbol{X}^{\mathrm{T}} X + \lambda I\right)^{-1} \boldsymbol{X}^{\mathrm{T}} Y_{(1)} \boldsymbol{Y}_{(1)}{}^{\mathrm{T}} X$

2. for $n = 1,2,\cdots, N$ do

3. $U^{(n)} \leftarrow$ top R_n eigenvectors of $Y_{(n)} \boldsymbol{Y}_{(n)}{}^{\mathrm{T}}$

4. end for

5. $T = \left[U^{(0)\mathrm{T}} \left(\boldsymbol{X}^{\mathrm{T}} X + \lambda I\right) U^{(0)}\right]^{-1} U^{(0)\mathrm{T}} \boldsymbol{X}^{\mathrm{T}}$

6. $\mathcal{G} = \mathcal{Y} \times_1 T \times_2 U^{(1)\mathrm{T}} \cdots \times_{N+1} U^{(N)\mathrm{T}}$

为了避免数值不稳定性和避免过拟合，采用正则化的目标函数，最小化问题为

$$\begin{cases} \min\limits_{\mathcal{W}} \sum\limits_{m=1}^{M} \left\| \mathcal{W} \times_1 x - \mathcal{Y}_m \right\|_F^2 + \lambda \left\| \mathcal{W} \right\|_F^2 \\ \text{s.t. } \text{rank}(\mathcal{W}) \leqslant (R_0, R_1, \cdots, R_N) \end{cases} \tag{2-42}$$

输入向量x_m变换到输入矩阵$\boldsymbol{X} = \left[x_1, x_2, \cdots, x_M\right]^{\mathrm{T}} \in \Re^{M \times I_0}$。式（2-42）优化问题重新形式化如下：

$$\begin{cases} \min\limits_{\mathcal{W}} \sum\limits_{m=1}^{M} \left\| \mathcal{W} \times_1 X - \mathcal{Y} \right\|_F^2 + \lambda \left\| \mathcal{W} \right\|_F^2 \\ \text{s.t. } \mathcal{W} = \mathcal{G} \times_1 \times_1 U^{(0)} \times_2 U^{(1)} \cdots \times_{N+1} U^{(N)} \\ U^{(n)\,\mathrm{T}} U^{(n)} = I, \ n = 1,2,\cdots, N \end{cases} \tag{2-43}$$

其中输出张量$\mathcal{Y}$是通过叠加输出张量$\mathcal{Y}_m$得到的。回归函数可以重写为

$$f: X \mapsto \mathcal{G} \times_1 \boldsymbol{X}^{\mathrm{T}} U^{(0)} \times_2 U^{(1)} \cdots \times_{N+1} U^{(N)} \tag{2-44}$$

这个最小化问题可以简化为找到（N+1）投影矩阵到$R_0, R_1, \cdots, R_N$维的子空间，其中核心张量$\mathcal{G}$由式（2-45）计算：

$$\mathcal{G} = \mathcal{Y} \times_1 \left[\boldsymbol{U}^{(0)\mathrm{T}} \left(\boldsymbol{X}^{\mathrm{T}} X + \lambda I\right) U^{(0)}\right]^{-1} U^{(0)\mathrm{T}} \boldsymbol{X}^{\mathrm{T}} \times_2 \boldsymbol{U}^{(1)\mathrm{T}} \cdots \times_{N+1} U^{(N)\mathrm{T}} \tag{2-45}$$

正交矩阵 $\boldsymbol{U}^{(n)}$ 由式（2–46）的特征向量计算：

$$\begin{cases}\left(\boldsymbol{X}^{\mathrm{T}}X+\lambda I\right)^{-1}\boldsymbol{X}^{\mathrm{T}}Y_{(1)}\boldsymbol{Y}_{(1)}{}^{\mathrm{T}}X, & n=0\\ Y_{(n)}\boldsymbol{Y}_{(n)}{}^{\mathrm{T}}, & \text{其他}\end{cases} \tag{2–46}$$

通过以上方法计算 R_n 的最大特征值和相应的特征向量。

与 CP 回归模型相比，Tucker 回归模型有几个优势[191]：①有更简洁的建模能力和更紧凑的模型，特别是对于有限数量样本；②通过自由地为每个模式选择不同的秩，能够充分利用多个线性秩，特别是数据的正确性受维度（模式的大小）影响时非常有用；③ Tucker 分解明确地模拟了不同模式下因子矩阵之间的交互，从而允许在更大的建模空间上进行更精细的网格搜索。

CP 和 Tucker 张量回归模型通过交替最小二乘（alternating least squares，ALS）算法求解。ALS 算法计算一个因子矩阵，同时保持其他因子矩阵不变。式（2–37）的权张量 $\mathcal{W}$ 由低阶 H–Tucker 分解表示，就得到 H–Tucker 张量回归[192]。

非线性张量回归模型：在实际数据分析中，系统输入和输出之间的关系是复杂的，并且受到许多因素的影响。简单的线性假设可能无法很好地模拟复杂的回归系统，由此产生的回归模型可能难以给出理想的预测性能。

高斯过程（Gaussian process，GP）回归是一种典型的基于贝叶斯推理的非参数回归模型。给定一个 d 阶张量 $\mathcal{X}\in\Re^{I_1\times I_2\times\cdots I_d}$，$y$、$\varepsilon$ 分别是输出标量和高斯噪声[226]。

$$y=f\left(\mathcal{X}\right)+\varepsilon \tag{2–47}$$

其中 $f\left(\mathcal{X}\right)$ 表示由高斯过程建模的非线性函数。

$$f\left(\mathcal{X}\right)\sim GP\left[m\left(\mathcal{X}\right),\ k\left(\mathcal{X},\overline{\mathcal{X}}\right)\middle|\boldsymbol{\theta}\right] \tag{2–48}$$

$\boldsymbol{\theta}$ 是超参数向量，$k\left(\mathcal{X},\overline{\mathcal{X}}\right)$ 为核函数，$m\left(\mathcal{X}\right)$ 表示零均值函数。设计合适的

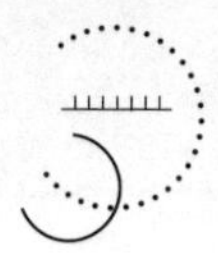

张量核是关键，它可以探索多路数据的相关性。

此外，文献 [227] 分析了高斯过程张量估计的统计收敛速度，并证明了导出的收敛速度是极小极大最优的。文中还讨论了线性张量回归模型和基于生成模型的非参数模型之间的关系，同时在文献 [229] 中进一步分析了张量回归和高斯过程模型之间的联系。此外，提出了广义线性回归模型的非参数扩展，并用于神经成像数据分析中的多任务学习[228]。

加性模型作为统计学中一种有用的非线性回归模型，是线性模型的灵活扩展，保留了大部分可解释性。线性模型中常见的建模和推断工具也适用于加性模型。稀疏张量加性模型[225]（Sparse Tensor Additive Model）表示如下：

$$y_i = T^*\left(\mathcal{X}_i\right) + \varepsilon_i = \sum_{j_1=1}^{m_1} \cdots \sum_{j_d}^{m_d} f^*_{j_1 \cdots j_d}\left(\left[\mathcal{X}_i\right]_{j_1 \cdots j_d}\right) + \varepsilon_i \tag{2-49}$$

其中样本 $\left\{y_i, \mathcal{X}_i\right\}_{i=1}^n$ 服从独立同分布，$\left\{\varepsilon_i\right\}_{i=1}^n$ 是独立同分布观测噪声，$\left[\mathcal{X}_i\right]_{j_1 \cdots j_d}$ 是张量 $\mathcal{X}_i$ 的第（j_1，…，j_d）个元素，$f^*_{j_1 \cdots j_d}(\cdot)$ 是一些可以通过 B-splines[230] 近似的平滑函数。用 H 基函数逼近函数 $f^*_{j_1 \cdots j_d}(\cdot)$，$T^*\left(\mathcal{X}_i\right)$ 可以表示为：

$$T^*\left(\mathcal{X}_i\right) \approx \sum_{j=1}^{d_1} \cdots \sum_{j_n=1}^{d_n} \sum_{h=1}^{H} \beta^*_{j_1 j_2 \cdots j_d h} \psi_{j_1 j_2 \cdots j_d h}\left(\left[\mathcal{X}_i\right]_{j_1 j_2 \cdots j_d}\right) \tag{2-50}$$

其中 $\psi_{j_1 j_2 \cdots j_d h}$ 为基函数，如多项式样条（polynomial splines）[225] 或傅里叶级数（Fourier series）[231]，$\beta^*_{j_1 j_2 \cdots j_d h}$ 为基函数的权重。

设 $\left[\mathcal{F}_h(\mathcal{X})\right]_{j_1 j_2 \cdots j_d} = \psi_{j_1 j_2 \cdots j_d h}\left(\left[\mathcal{X}_i\right]_{j_1 j_2 \cdots j_d}\right)$，$\left[\mathcal{B}^*_h\right]_{j_1 j_2 \cdots j_d} = \beta^*_{j_1 j_2 \cdots j_d h}$，回归模型重新形式化如下：

$$y_i = \sum_{h=1}^{H} \left\langle \mathcal{B}^*_h, \mathcal{F}_h(\mathcal{X}) \right\rangle + \varepsilon_i \tag{2-51}$$

然而，加法模型在大规模数据挖掘或样本较少的任务中的应用存在局限性。对于加性模型，拟合所有的预测因子，但大多数预测因子在实际应用中不可行或非必要。

2.3.1.2 支持矩阵机

对于矩阵，有$\langle W, W\rangle = \mathrm{tr}\left(\boldsymbol{W}^{\mathrm{T}}W\right)$，软间隔支持矩阵机[200]形式化如下：

$$\begin{cases}\min\limits_{W, b, \zeta}\dfrac{1}{2}\mathrm{tr}\left(\boldsymbol{W}^{\mathrm{T}}W\right)+C\sum\limits_{m=1}^{M}\zeta_m \\ \mathrm{s.t.}\ y_m\left[\mathrm{tr}\left(\boldsymbol{W}^{\mathrm{T}}X_m\right)+b\right]\geqslant 1-\zeta_m,\ \zeta_m\geqslant 0,\ m=1,2,\cdots,M\end{cases} \tag{2-52}$$

当$w=\mathrm{vec}\left(\boldsymbol{W}^{\mathrm{T}}\right)$时，

$$\begin{cases}\mathrm{tr}\left(\boldsymbol{W}^{\mathrm{T}}X_m\right)=\mathrm{vec}\left(\boldsymbol{W}^{\mathrm{T}}\right)^{\mathrm{T}}\mathrm{vec}\left(\boldsymbol{X}_m^{\mathrm{T}}\right)=\boldsymbol{w}^{\mathrm{T}}x_m \\ \mathrm{tr}\left(\boldsymbol{W}^{\mathrm{T}}W\right)=\mathrm{vec}\left(\boldsymbol{W}^{\mathrm{T}}\right)^{\mathrm{T}}\mathrm{vec}\left(\boldsymbol{W}^{\mathrm{T}}\right)=\boldsymbol{w}^{\mathrm{T}}w\end{cases} \tag{2-53}$$

式（2–33）实质上等同于支持向量机，这种向量化不利用矩阵结构固有的数据之间的相关性。为了包括数据矩阵的行或列之间的相关性，可以引入核范数，从而使问题变成

$$\begin{cases}\arg\min\limits_{W, b, \zeta}\dfrac{1}{2}\mathrm{tr}\left(\boldsymbol{W}^{\mathrm{T}}W\right)+\tau\|W\|_*+C\sum\limits_{m=1}^{M}\zeta_m \\ \mathrm{s.t.}\ y_m\left[\mathrm{tr}\left(\boldsymbol{W}^{\mathrm{T}}X_m\right)+b\right]\geqslant 1-\zeta_m,\ \zeta_m\geqslant 0,\ m=1,2,\cdots,M\end{cases} \tag{2-54}$$

式（2–54）的解为：

$$\overline{W}=D_\tau\left(\sum_{m=1}^{M}\overline{\beta_m}y_m X_m\right) \tag{2-55}$$

D_τ是奇异值阈值运算符，它将低于τ的奇异值抑制为0。$\boldsymbol{\Omega}=\sum\limits_{m=1}^{M}\overline{\beta_m}y_m X_m$是一个与非零$\overline{\beta_m}$相关联的$X_m$组合，称为支持矩阵。

2.3.1.3 支持张量机

当数据处理是张量时，支持向量机（SVM）可能会出现维数灾难，导致性能较差。由于张量分析在机器学习领域取得了成功，将支持向量机向张量扩展，形成支持张量机（support tensor manchine, STM）[9, 14, 232]。给定一个训练集$\{\mathcal{X}_n, y_n\}_{n=1}^{N}$，$M$阶张量$\mathcal{X}_n\in\mathbb{R}^{I_1\times\cdots\times I_M}$，对应的标签$y_m\in\{-1,+1\}$。

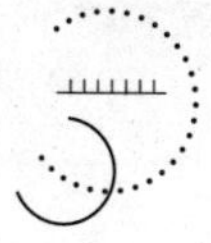

STM 目标是找到 M 个映射向量 $\boldsymbol{w}_m \in \mathbb{R}^{I_M}$ 和偏置 b，建立如下决策函数：

$$y(\mathcal{X}_n) = \operatorname{sign}\left(\mathcal{X}_n \prod_{m=1}^{M} \times_m w_m + b\right) \tag{2-56}$$

可通过求解以下最小化问题获得决策函数所需参数：

$$\begin{cases} \min\limits_{w_m,\ b,\ \xi} J(w_m,\ b,\ \xi) = \dfrac{1}{2}\left\| \otimes_{m=1}^{M} w_m \right\|_F^2 + C\sum\limits_{n=1}^{N} \xi_n \\ \text{s.t. } y_n\left(\mathcal{X}_n \prod\limits_{m=1}^{M} \times_m w_m + b\right) \geqslant 1-\xi_n,\ \ \xi_n \geqslant 0 \end{cases} \tag{2-57}$$

其中 C 是平衡参数。

与经典的软边缘支持向量机不同，软边缘 STM 没有解析解。为了解决这个问题，我们采用了一种交替投影方法（alternating projection method）[9]，该方法通常用于处理张量近似问题。该算法的详细信息可参考算法 2.12。

算法 2.12　Alternating projection method for tensor optimization[9]
Input:The training measurements $\mathcal{X}_n \in \mathbb{R}^{I_1 \times I_2 \times \cdots \times I_M}, 1 \leqslant n \leqslant N$, the corresponding class labels $y_n \in \{+1,-1\}$ Output:The projection vector of the tensorplane $\boldsymbol{w}_m \in \mathbb{R}^{I_m}, 1 \leqslant m \leqslant M$ and $b \in \mathbb{R}$. 1.Set the $\boldsymbol{w}_m$ as the random unit vectors in $\mathbb{R}^{I_m}$; 2.Do steps 3 – 5 until convergence; 3.For $m = 1$ to M : 4.Update $\boldsymbol{w}_m$ by minimizing the SVM problem $\min\limits_{\boldsymbol{w}_m, b, \xi} f(\boldsymbol{w}_m, b, \xi)$ s.t. $y_n c_n \left[\boldsymbol{w}_m^{\mathrm{T}}\left(\mathcal{X}_n \prod\limits_{1 \leqslant k \leqslant M}^{k \neq m} x_k \boldsymbol{w}_k\right) + b\right] \geqslant \xi_n, 1 \leqslant n \leqslant N$ 5.End For 6.Convergence checking : if $\sum\limits_{m=1}^{M}\left[\boldsymbol{w}_{m,t}^{\mathrm{T}} \boldsymbol{w}_{m,t-1}\left(\left\|\boldsymbol{w}_{m,t}\right\|_F^{-2}\right) - 1\right] \leqslant e.$ the calculate $\boldsymbol{w}_m, m = 1, \cdots, M$ have converged.Here $\boldsymbol{w}_{m,t}$ is the current projection vector and $\boldsymbol{w}_{m,t-1}$ is the previous projection vector. 7.End

2.3.1.4　高秩支持张量机

STM 的决策函数中，由于真实张量数据的秩可能不是很低，秩 -1 权值张量不能充分表示原始数据的真实结构。因此，权值张量的每个模式都用向量表示，这可能导致表示能力较差。高秩支持张量机（higher-rank support tensor machine，HRSTM）[13] 旨在以秩一张量之和（CP 分解）的形式估计一组参数，以此参数定义数据类之间的分离超平面。HRSTM 的优化问题如下：

$$\begin{cases}\min\limits_{\mathcal{W},b,\xi} \dfrac{1}{2}\langle\mathcal{W}, \mathcal{W}\rangle + C\sum\limits_{n=1}^{N}\xi_i \\ \text{s.t. } y_n\left(\langle\mathcal{W}, \mathcal{X}_n\rangle + b\right) \geqslant 1-\xi_n,\ \xi_n \geqslant 0 \\ W = \left[\!\left[U^{(1)},\cdots,U^{(M)}\right]\!\right] \end{cases} \tag{2-58}$$

根据张量内积和 CP 分解，得到式（2-59）：

$$\begin{cases}\langle\mathcal{W}, \mathcal{W}\rangle = \mathrm{tr}\left(W_{(m)}, \boldsymbol{W}_{(m)}{}^{\mathrm{T}}\right) = \mathrm{tr}\left(U^{(m)}\left(\boldsymbol{U}^{(-m)}\right)^{\mathrm{T}}U^{(-m)}\left(\boldsymbol{U}^{(m)}\right)^{\mathrm{T}}\right) \\ \langle\mathcal{W}, \mathcal{X}\rangle = \mathrm{tr}\left(W_{(m)}, \boldsymbol{X}_{n(m)}{}^{\mathrm{T}}\right) = \mathrm{tr}\left(U^{(m)}\left(U^{(-m)}\right)^{\mathrm{T}}\boldsymbol{X}_{n(m)}{}^{\mathrm{T}}\right)\end{cases} \tag{2-59}$$

其中 $\boldsymbol{W}_{(m)}$ 是权值张量 $\mathcal{W}$ 模式 $-m$ 的展开矩阵，$\boldsymbol{X}_{n(m)}$ 是输入张量 $\mathcal{X}_n$ 模式 $-m$ 的展开矩阵，$\boldsymbol{U}^{(-m)} = U^{(M)}\odot\cdots\odot U^{(m+1)}\odot U^{(m-1)}\cdots\odot U^{(1)}$。

将式（2-59）代入式（2-58），得到如下优化问题：

$$\begin{cases}\min\limits_{\mathcal{W},b,\xi} \dfrac{1}{2}\mathrm{tr}\left[U^{(m)}\left(\boldsymbol{U}^{(-m)}\right)^{\mathrm{T}}U^{(-m)}\left(\boldsymbol{U}^{(m)}\right)^{\mathrm{T}}\right] + C\sum\limits_{n=1}^{N}\xi_i \\ \text{s.t. } y_n\left\{\mathrm{tr}\left[U^{(m)}\left(\boldsymbol{U}^{(-m)}\right)^{\mathrm{T}}\boldsymbol{X}_{n(m)}{}^{\mathrm{T}}\right]+b\right\} \geqslant 1-\xi_n,\ \xi_n \geqslant 0\end{cases} \tag{2-60}$$

为求解此问题的解，设 $A = \left(\boldsymbol{U}^{(-m)}\right)^{\mathrm{T}}U^{(-m)}$，这是一个正定矩阵。$\widetilde{U}^{(m)} = U^{(m)}A^{\frac{1}{2}}$，则有：

$$\mathrm{tr}\left(U^{(m)}\left(\boldsymbol{U}^{(-m)}\right)^{\mathrm{T}}U^{(-m)}\left(\boldsymbol{U}^{(m)}\right)^{\mathrm{T}}\right) = \mathrm{tr}\left(\widetilde{U}^{(m)}\widetilde{\boldsymbol{U}}^{(m)\mathrm{T}}\right) = \mathrm{vec}\left(\widetilde{U}^{(m)}\right)^{\mathrm{T}}\mathrm{vec}\left(\widetilde{U}^{(m)}\right),$$

$$\mathrm{tr}\left(U^{(m)}\left(\boldsymbol{U}^{(-m)}\right)^{\mathrm{T}}\boldsymbol{X}_{n(m)}{}^{\mathrm{T}}\right) = \mathrm{tr}\left(\widetilde{U}^{(m)}\widetilde{\boldsymbol{X}}_{n(m)}^{\mathrm{T}}\right) = \mathrm{vec}\left(\widetilde{\boldsymbol{U}}^{(m)}\right)^{\mathrm{T}}\mathrm{vec}\left(\widetilde{X}_{n(m)}\right),$$

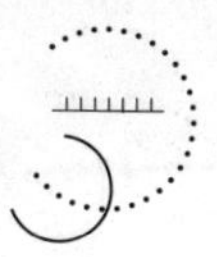

其中 $\widetilde{X}_{n(m)}=\boldsymbol{X}_{n(m)}U^{(-m)}A^{-\frac{1}{2}}$。

最终式（2-58）简化为如下优化问题：

$$\begin{cases}\min\limits_{\mathcal{W},b,\xi}\ \dfrac{1}{2}\mathrm{vec}\left(\widetilde{\boldsymbol{U}}^{(m)}\right)^{\mathrm{T}}\mathrm{vec}\left(\widetilde{U}^{(m)}\right)+C\sum\limits_{n=1}^{N}\xi_i\\ \mathrm{s.t.}\ y_n\left(\mathrm{vec}\left(\widetilde{\boldsymbol{U}}^{(m)}\right)^{\mathrm{T}}\mathrm{vec}\left(\widetilde{X}_{n(m)}\right)+b\right)\geqslant 1-\xi_n,\ \xi_n\geqslant 0\end{cases}\tag{2-61}$$

该优化问题可以通过交替投影法进行求解。

2.3.1.5　支持 tucker 机

支持 tucker 机（support tucker machine，STuM）通过 tucker 分解获得低秩加权张量。与在 CP 分解下形成加权张量的 STM 和 HRSTM 相比，STuM 更具一般性，可以探索多线性秩，尤其适用于不平衡数据集。此外，由于给定张量的 tucker 分解表示为核心张量乘以沿所有模式的一系列因子矩阵，因此我们可以容易执行低秩张量以进行降维，这在处理复杂真实数据时非常实用。

假设权值张量为 $\mathcal{W}$，STuM 的优化问题如下：

$$\begin{cases}\min\limits_{\mathcal{W},b,\xi}\ \dfrac{1}{2}\langle\mathcal{W},\ \mathcal{W}\rangle+C\sum\limits_{n=1}^{N}\xi_i\\ \mathrm{s.t.}\ y_n\left(\langle\mathcal{W},\ \mathcal{X}_n\rangle+b\right)\geqslant 1-\xi_n,\ \xi_n\geqslant 0\\ W=[\![\mathcal{G};\ U^{(1)},\cdots,U^{(M)}]\!]\end{cases}\tag{2-62}$$

根据 tucker 分解理论，张量 $\mathcal{W}$ 的 m 模式矩阵化可以写成：

$$\begin{aligned}W_{(m)}&=U^{(m)}\boldsymbol{G}_{(m)}\left(U^{(M)}\odot\cdots\odot U^{(m+1)}\odot U^{(m-1)}\cdots\odot U^{(1)}\right)^{\mathrm{T}}\\&=U^{(m)}\boldsymbol{G}_{(m)}\left(U^{(-m)}\right)^{\mathrm{T}}\end{aligned}$$

其中，$\boldsymbol{G}_{(m)}$ 是核张量 $\mathcal{G}$ 的 m 模式矩阵化。由此产生的关于 $U^{(m)}$ 的子问题可以表示为：

$$\begin{cases} \min\limits_{U^{(m)}, b, \xi} \ \dfrac{1}{2}\operatorname{tr}\left(U^{(m)}P^{(m)}\left(P^{(m)}\right)^{\mathrm{T}}\left(U^{(m)}\right)^{\mathrm{T}}\right)+C\sum\limits_{n=1}^{N}\xi_n \\ \text{s.t. } y_n\left(\operatorname{tr}\left(U^{(m)}P^{(m)}\boldsymbol{X}_{n(m)}{}^{\mathrm{T}}\right)+b\right)\geqslant 1-\xi_n,\ \xi_n\geqslant 0 \end{cases} \tag{2-63}$$

其中 $P^{(m)}=G_{(m)}\left(U^{(-m)}\right)^{\mathrm{T}}$，$\boldsymbol{X}_{n(m)}$ 为张量 $\mathcal{X}_n$ 模式 $-m$ 的展开矩阵，与式（2-60）的求解方法一样。关于 $\mathcal{G}$ 的子问题如下：

$$\begin{cases} \min\limits_{G_{(1)}, b, \xi} \ \dfrac{1}{2}\left[U\operatorname{vec}\left(G_{(1)}\right)\right]^{\mathrm{T}}\left[U\operatorname{vec}\left(G_{(1)}\right)\right]+C\sum\limits_{n=1}^{N}\xi_n \\ \text{s.t. } y_n\left\{\left[U\operatorname{vec}\left(G_{(1)}\right)\right]^{\mathrm{T}}\operatorname{vec}\left(\mathcal{X}_n\right)+b\right\}\geqslant 1-\xi_n,\ \xi_n\geqslant 0 \end{cases} \tag{2-64}$$

其中 $U=U^{(M)}\otimes\cdots\otimes U^{(1)}$，$\boldsymbol{G}_{(1)}$ 是核心张量 $\mathcal{G}$ 的模式 1 展开矩阵。

STuM 的优化问题也可以转化为几个标准支持向量机问题。STuM 与 HRSTM 的不同之处在于，STuM 有一个迭代来求解核张量 $\mathcal{G}$ 的子问题。更多细节见文献 [12]。

由于 tensor-train 分解的表达能力强，还提出了支持张量序列机（support tensor train machine，STTM）[233]。此外，为了处理样本不是线性分离的复杂情况，提出了一些核化张量机，包括用于监督张量学习的对偶结构保持核 [16] 和核化 STTM[234]。

2.3.1.6 正则化张量模型

正则化张量模型的目的是通过对模型参数 $\mathcal{W}$ 的约束来降低张量回归模型的复杂性，这对于具有大量特征但数据样本较少的问题尤其有利。正则化线性张量模型一般可以表述为：

$$\min_{\mathcal{W},\ b} f(\mathcal{W},\ y)=J(\mathcal{X},\ y\,|\,\mathcal{W},\ b)+\lambda R(\mathcal{W}) \tag{2-65}$$

其中 $J(\mathcal{X},\ y\,|\,\mathcal{W},\ b)$ 表示损失（误差）函数，$R(\mathcal{W})$ 是正则化项，而参数 $\lambda>0$ 控制损失函数和正则化项之间的平衡。当正则化为 Frobenius 范数 $\|\mathcal{W}\|_F^2=\langle\mathcal{W},\ \mathcal{W}\rangle$ 时，就得到标准的 Tikhonov 正则化。

低秩正则化问题可以形式化为：

$$\begin{cases} \min\limits_{\mathcal{W}} J\left(\mathcal{X},\ y \mid \mathcal{W},\ b\right) \\ \text{s.t. multilinear rank}\left(\mathcal{W}\right) \leqslant R \end{cases} \tag{2-66}$$

计算一个权值张量 $\mathcal{W}$，它使经验损失 J 最小，$\mathcal{W}$ 的多线性秩至多为 R。

张量数据的低阶结构已成功应用于缺失数据补全[193，171]、多线性鲁棒主成分分析[195]和子空间聚类[196]。除了数据本身的低阶性质外，低阶正则化也可以应用于回归和分类的学习系数。

2.3.2　张量无监督学习

张量无监督学习主要涉及张量聚类（tensor clustering）和张量图模型（tensor graphical model）。前者的目的是通过研究张量本身的结构来识别聚类，而后者的目的是表征张量值数据的各模式的依存结构。

2.3.2.1　张量聚类

给定 M 阶张量 $\mathcal{X}_1,\cdots,\mathcal{X}_N \in \Re^{d_1\times\cdots\times \mathrm{d}_M}$，文献 [235] 旨在揭示 N 个样本的潜在聚类结构，对于 K 个簇，为了简单起见，每个簇具有相同数量的 $l = N/K$ 个样本：

$$(\underbrace{1,\cdots,1}_{l\ \text{samples}},\underbrace{2,\cdots,2}_{l\ \text{samples}},\cdots,\underbrace{K,\cdots,K}_{l\ \text{samples}}) \tag{2-67}$$

首先将所有 N 个张量样本叠加成（M+1）阶张量 $\mathcal{T} \in \Re^{d_1\times\cdots\times \mathrm{d}_M\times N}$，然后将张量 $\mathcal{T}$ 进行分解，最后把常用的聚类算法（如 K- 均值）应用到张量分解中得到矩阵。图 2-8 显示了该方法基本思想。假设张量 $\mathcal{T}$ 具有噪声，也就是具有如下形式：

$$\mathcal{T} = \mathcal{T}^* + \mathcal{E} \tag{2-68}$$

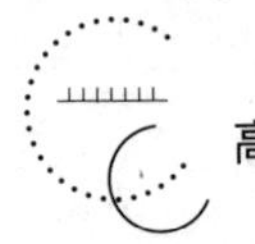

其中$\mathcal{E}$为误差张量，$\mathcal{T}^*$是具有秩R的真值张量，其CP分解如下：

$$\mathcal{T}^* = \sum_{r=1}^{R} w_r^* \beta_{1,r}^* \circ \cdots \circ \beta_{n+1,r}^* \tag{2-69}$$

其中$\beta_{j,r}^* \in \Re^{I_j}$，$\left\|\beta_{j,r}^*\right\|_2=1$，$w_r^*>0$，$j=1$，…，$(n+1)$，$r=1$，…，$R$。沿张量$\mathcal{T}$的最后一个模式的样本的簇结构完全由堆叠张量CP分解的矩阵确定，即

$$B_{n+1}^* = \left(\beta_{n+1,1}^*, \cdots, \beta_{n+1,R}^*\right) = \left(\underbrace{\boldsymbol{\mu}_1^{*\mathrm{T}}, \cdots, \boldsymbol{\mu}_1^{*\mathrm{T}}}_{l \text{ samples}}, \cdots, \underbrace{\boldsymbol{\mu}_K^{*\mathrm{T}}, \cdots, \boldsymbol{\mu}_K^{*\mathrm{T}}}_{l \text{ samples}}\right) \in \Re^{N \times R} \tag{2-70}$$

其中$\mu_k^* := \left(\mu_{k,1}^*, \cdots, \mu_{k,R}^*\right) \in \Re^R$，$k=1$，…，$K$。张量样本$\mathcal{X}_1, \cdots, \mathcal{X}_N$的真簇均值可以写成：

$$\underbrace{\mathcal{M}_1 := \sum_{r=1}^{R} w_r^* \beta_{1,r}^* \circ \cdots \circ \beta_{M,r}^* \mu_{1,r}^*}_{\text{cluster center 1}}, \cdots, \underbrace{\mathcal{M}_K := \sum_{r=1}^{R} w_r^* \beta_{1,r}^* \circ \cdots \circ \beta_{M,r}^* \mu_{K,r}^*}_{\text{cluster center } \mathcal{K}} \tag{2-71}$$

这揭示了关键结构，即每个聚类均值是R秩-1基张量的外积的线性组合，并且所有聚类均值共享相同的R基张量。（图2-8）

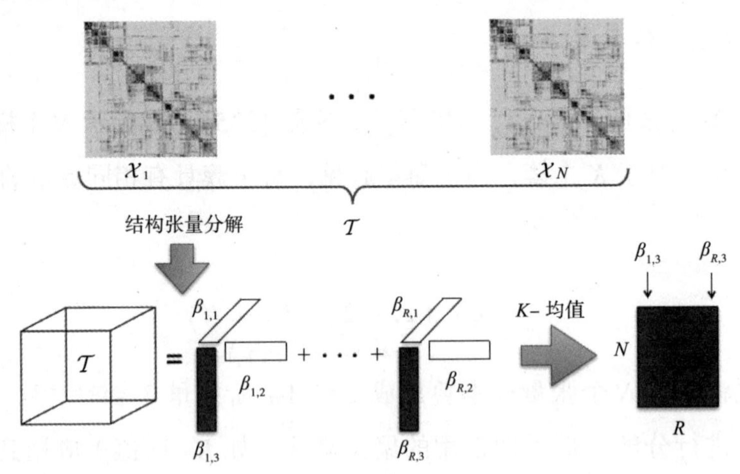

图2-8　低秩张量聚类方法

文献[236]在每种模式下展开张量以构建亲和矩阵，然后在此亲和矩

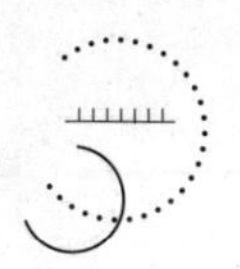

阵上应用谱聚类算法以获得聚类结构。文献 [237] 利用超空间随机行走提出了一种非负三模张量的张量谱共聚类算法。最近，文献 [238] 研究了种植结构的高阶聚类，以测试集群是否存在，并确定集群的支持。

2.3.2.2　张量图模型

在大数据时代，电子工程和计算机科学等领域提供了前所未有的高维数据。探索这些数据之间的关系在许多领域中非常有用，包括机器学习、信号处理和神经科学等。例如，通过利用推荐系统中的用户 - 项 - 时间张量，我们能够获得不同用户、项和时间之间的关系。然而，处理如此大规模的数据并非易事，高维特征使其更加棘手。为了解决这个问题，我们可以求助于一种很有前途的工具——高斯图形模型（Gaussian graphical model，GGM），它将概率论和图论结合在一起，直观地表示变量的依赖关系。

最重要的假设是变量的高斯分布。它使我们能够对缺失变量进行合理假设，以找到潜在的关系。给定 I 个变量 x_i，i=1，⋯，I，假设它们在 GGM 框架下服从高斯分布 $N(\mu, \boldsymbol{\Sigma})$，其中 μ 是 x 的平均值，$\boldsymbol{\Sigma}$ 是协方差矩阵。为了表征变量 x_i 之间的相关性，可以估计协方差矩阵或估计精度矩阵 $\boldsymbol{\Omega}=\Sigma^{-1}$。协方差矩阵中的 0 表示边缘独立，精度矩阵中的 0 表示条件独立。

图用 $G=(\boldsymbol{V}, \boldsymbol{E})$ 表示，$\boldsymbol{V}$、$\boldsymbol{E}$ 分别表示节点集合和边集合。随机变量用节点（nodes）表示，变量之间相关性用边（edges）来表示。由于精度矩阵中的 0 不仅反映了给定其余变量之间的条件独立性，而且对应图中缺失的边，因此，图形模型可以通过边的存在或不存在直观地表示变量之间的复杂关系。为了便于表达，第 i 个节点与第 j 个节点之间的边表示为（i, j）。当且仅当 $(i, j)\notin \boldsymbol{E}$ 时，$\boldsymbol{\Omega}(i, j)=0$，$i \neq j$。从这个意义上讲，构建稀疏图模型和研究变量之间的相关性的问题可以转化为检测其相应精度矩阵中的非零项问题。

图 2-9 表示精度矩阵与图的一一对应关系，图 2-9（a）是一个精度矩阵，其中黑块（非对角）表示非零项，每个非零项对应图中的一条边；图 2-9（b）是根据左侧关系绘制的图形。

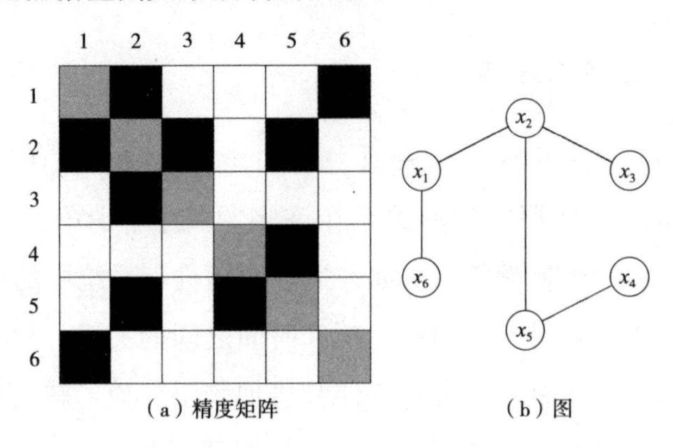

图 2-9　精度矩阵与图的对应关系

给定一个 D 阶张量 $\mathcal{T} \in \mathbb{R}^{I_1 \times \cdots \times I_D}$，服从零均值和协方差矩阵 $\boldsymbol{\Sigma}_1, \cdots, \boldsymbol{\Sigma}_D$ 的张量正态分布 TN（$0; \boldsymbol{\Sigma}_1, \cdots, \boldsymbol{\Sigma}_1$），用 $\mathcal{T} \sim TN\left(0; \boldsymbol{\Sigma}_1, \cdots, \boldsymbol{\Sigma}_D\right)$ 表示。它的概率密度函数如下：

$$p\left(\mathcal{T} | \boldsymbol{\Sigma}_1, \cdots, \boldsymbol{\Sigma}_D\right) = (2\pi)\frac{I}{2}\left\{\prod_{d}^{D} |\Sigma_d|^{-\frac{I}{2I_d}}\right\}\exp\left(\frac{-\left\|T \times \Sigma^{-\frac{1}{2}}\right\|_F^2}{2}\right) \tag{2-72}$$

其中 $I = \prod_{d=1}^{D} I_d$，$\boldsymbol{\Sigma}^{-\frac{1}{2}} = \left\{\boldsymbol{\Sigma}_1^{-\frac{1}{2}}, \cdots, \boldsymbol{\Sigma}_D^{-\frac{1}{2}}\right\}$。当 D=1 时，它减小到零均值和协方差 Σ_1 的向量正态分布。

给定 n 个独立同分布 D 阶张量 $\mathcal{T}_1$，$\mathcal{T}_2, \cdots, \mathcal{T}_n \in \mathbb{R}^{I_1 \times \cdots \times I_D}$，且服从张量正态分布 $TN\left(0;\ \boldsymbol{\Sigma}_1^*, \cdots, \boldsymbol{\Sigma}_D^*\right)$。张量图形建模的目标是估计协方差矩阵 $\boldsymbol{\Sigma}_1^*, \cdots, \boldsymbol{\Sigma}_D^*$ 和相应的精度矩阵 $\boldsymbol{\Omega}_1^*$，$\boldsymbol{\Omega}_2^*, \cdots, \boldsymbol{\Omega}_D^*$，其中 $\boldsymbol{\Omega}_d^* = \boldsymbol{\Sigma}_d^{*^{-\frac{1}{2}}}$。标准求解是最小化惩罚最大似然估计：

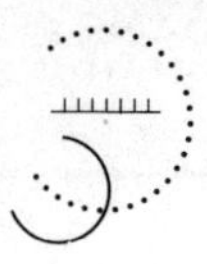

$$\min_{\boldsymbol{\Omega}_d,\ d=1,\cdots,D} \frac{1}{I}\operatorname{tr}\left[S\left(\Omega_D \otimes \cdots \Omega_1\right)\right] - \sum_{d=1}^{D}\frac{1}{I_d}\log\left|\boldsymbol{\Omega}_d\right| + \sum_{d=1}^{D} P_{\lambda_d}\left(\boldsymbol{\Omega}_d\right) \quad (2\text{–}73)$$

其中 $S = n^{-1}\sum_{i=1}^{n}\operatorname{vec}\left(\mathcal{T}_i\right)\operatorname{vec}\left(\mathcal{T}\right)^{\mathrm{T}}$，$P_{\lambda_d}(\cdot)$ 是一个通过调整索引的惩罚函数参数 λ_d。采用向量图模型中常用的 lasso 惩罚，$P_{\lambda_d}\left(\boldsymbol{\Omega}_d\right) = \lambda_d \left\|\boldsymbol{\Omega}_d\right\|_{1,\mathrm{off}}$，其中 $\|\cdot\|_{1,\mathrm{off}}$ 表示稀疏性惩罚，应用于矩阵的非对角元素。当 D=1 时，问题简化为经典稀疏向量图模型 [239–240]，当 D=2 时为稀疏矩阵图模型 [241–244]。

式（2–73）中的目标函数是双凸的，在这个意义上，当其余 D–1 精度矩阵固定时，它是凸的。为了探索这种双凸性，Sun 等人 [245] 提出通过交替更新一个精度矩阵同时固定其余精度矩阵来求解式（2–73），这相当于求解如下优化问题：

$$\min_{\boldsymbol{\Omega}_d} \frac{1}{I_d}\operatorname{tr}\left(S_d \boldsymbol{\Omega}_d\right) - \frac{1}{I_d}\log\left|\boldsymbol{\Omega}_d\right| + \lambda_d \left\|\boldsymbol{\Omega}_d\right\|_{1,\mathrm{off}} \quad (2\text{–}74)$$

其中 $S_d = I_d/(nI)\sum_{i=1}^{n} V_{i=1}^{d} V_{i=1}^{d\,\mathrm{T}}$，$V_{i=1}^{d} = \left[\mathcal{T}_i \times \left\{\begin{matrix}\Omega_1^{1/2},\cdots,\Omega_{d-1}^{1/2}, 1_{I_d},\\ \Omega_{d+1}^{1/2},\cdots,\Omega_D^{1/2}\end{matrix}\right\}\right]_{(d)}$，$\times$ 表示张量积运算，$[\cdot]_{(d)}$ 表示模式 d 矩阵化操作。

通过将 Glasso（graphical lasso）[240] 应用于式（2–74）中的优化模型，我们可以获得精度矩阵的解。该过程称为 Tlasso[9]，详细信息在算法 2.13 中说明。

算法 2.13　Solve sparse tensor graphical model via Tensor lasso (Tlasso)

1.Input: Tensor samples $\mathcal{T}_1 \cdots, \mathcal{T}_n$, tuning parameters $\lambda_1, \cdots, \lambda_D$, max number of iterations T
2.Initialize $\Omega_1^{(0)}, \cdots, \Omega_D^{(0)}$ randomly as symmetric and positive definite matrices and set $t = 0$
3.Repeat:
4.$t = t + 1$
5.For $d = 1, \cdots, D$:
6.Given $\Omega_1^{(t)}, \cdots, \Omega_{d-1}^{(t)}, \Omega_{d+1}^{(t-1)}, \cdots, \Omega_D^{(t-1)}$, solve (2.3) for $\Omega_d^{(t)}$ via glasso[240]
7.Normalize $\Omega_d^{(t)}$ such that $\left\|\Omega_d^{(t)}\right\|_F = 1$
8.End For
9.Until $t = T$
10.Output: $\hat{\Omega}_d = \Omega_d^{(T)} \quad (d = 1, \cdots, D)$

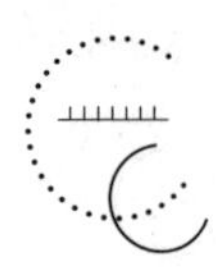

2.3.3 张量深度学习

2.3.3.1 张量深度神经网络压缩

目前，深度神经网络在大规模机器学习的许多方面表现出最先进的性能，如计算机视觉、语音识别、文本处理等。例如，卷积神经网络（CNN）[247，248] 在图像分类任务上表现出极好的优越性能。但是，这些模型有数千个节点和数百万个可学习的参数，并需要在强大的图形处理单元（GPU）上使用数百万图像 [249] 进行训练。

昂贵的硬件和长处理时间使这种模型很难在传统台式机和便携式设备上进行应用。因此，人们进行了大量的工作试图减少硬件需求（如内存需求）和运行时间。

压缩 CNN 全连接层：在标准的 CNN 架构中，卷积层的激活张量首先被展平，然后通过全连接层连接到输出。此步骤引入大量参数，展平操作（flattening operation）也可能丢失多模态信息（图 2–10）。在 VGG–19 网络架构中，大约 80% 的参数来自完全连接的层 [88]。张量序列分解（tensor-train decomposition）[88]、块项分解（block-term decomposition）[249] 和 Tucker 分解（Tucker decomposition）[250] 应用于完全连接层以减少参数数量。

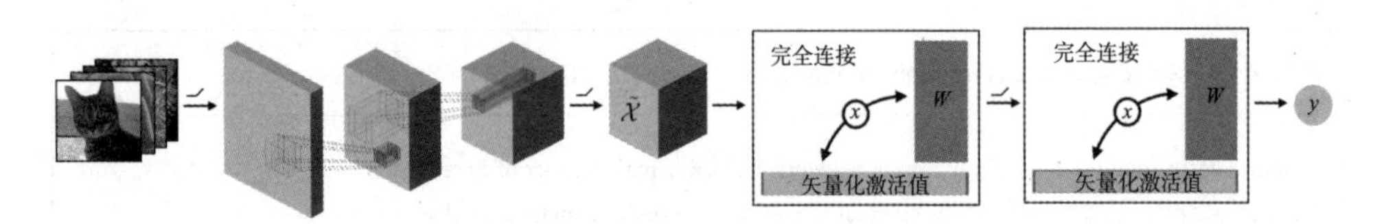

图 2–10 张量的扁平操作

图 2–11 概述了 Kossaifi 等人 [250] 提出的基于张量的 CNN 压缩策略。标准的 CNN 架构由一个张量收缩层和一个张量回归层两个新层组成，作为深度神经网络的端到端可训练组件。

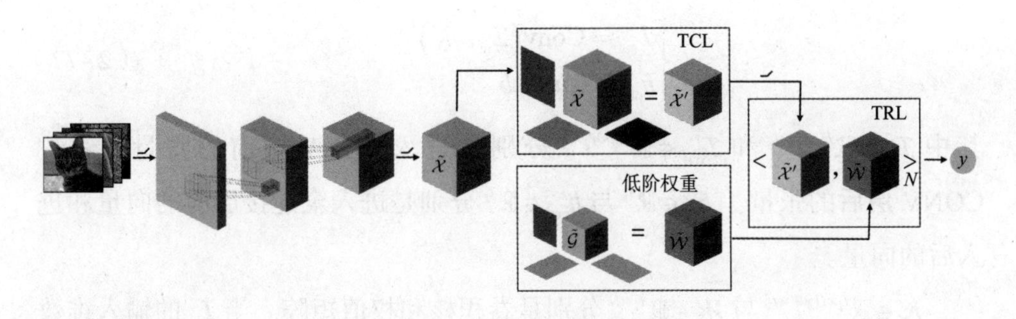

图 2-11　CNN 张量压缩

给定一个大小为 $(S_0, I_0, I_1,\cdots, I_N)$ 的激活张量 $\mathcal{X}$，输入激活张量对应一批 S 个样本 $(\mathcal{X}_1, \mathcal{X}_2,\cdots,\mathcal{X}_S)$，$Y\in\mathbb{R}^{S\times O}$，$O$ 为对应标签。TCLs 将产生一个尺寸为 $(S_0,\mathrm{R}_0,\mathrm{R}_1,\cdots,R_N)$ 的较小的核张量 $\mathcal{G}$：

$$\mathcal{X}'=\mathcal{X}\times_1 V^{(0)}\times_2 V^{(1)}\times\cdots\times_{N+1}V^{(N)} \tag{2-75}$$

$V^{(k)}\in\mathbb{R}^{R_k\times I_k}$，$k\in(0,1,\cdots,N)$。因为第一模式 S_0 对应批次，投影从第二模式开始。

在某些固定低秩 $(R_0,\cdots,R_N, R_{N+1})$ 和偏置 $b\in\mathbb{R}^O$ 下的回归张量权值 $\mathcal{W}\in\mathbb{R}^{I_0\times I_1\times\cdots\times I_N\times O}$ 的张量回归层（tensor regression layer，TRL）问题如下：

$$\begin{cases}Y=\langle\mathcal{X}, \mathcal{W}\rangle_N+b\\ \text{s.t. } \mathcal{W}=[\![G;\ \boldsymbol{U}^{(0)},\cdots,\boldsymbol{U}^{(N)},\ \boldsymbol{U}^{(N+1)}]\!]\end{cases} \tag{2-76}$$

式中，$\langle\mathcal{X}, \mathcal{W}\rangle_N=\mathcal{X}_{[0]}\times\mathcal{W}_{[N+1]}$（$\mathcal{X}$ 第一模式 $\mathcal{X}_{[0]}$ 与 $\mathcal{W}$ 最后一个模式 $\mathcal{W}_{[N+1]}$ 的乘积）；$\mathcal{G}\in\mathbb{R}^{R_0\times\cdots\times R_N\times R_{N+1}}$，$\boldsymbol{U}^{(k)}\in\mathbb{R}^{I_k\times R_k}$，$k\in(1,2,\cdots,N)$，$\boldsymbol{U}^{(N+1)}\in\mathbb{R}^{O\times R_{N+1}}$。所有参数都可以通过端到端反向传播进行有效学习。

压缩 CNN 的所有层：Kasiviswanathan 等人（2018）结合了随机张量绘制（tensor sketching）技术开发了一个统一的框架来压缩 CNN 中的卷积层和完全连接层。

卷积神经网络（CNN）的传统的卷积层（CONV）和全连接层（FC）可以用式（2-77）表示：

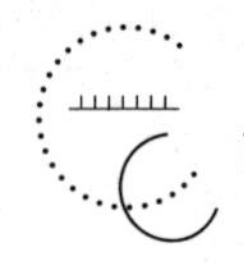

$$\begin{cases} \mathcal{I}_{\text{out}} = \text{Conv}\left(\mathcal{I}_{\text{in}},\ \mathcal{K}\right) \\ h_{\text{out}} = Wh_{\text{in}} + b \end{cases} \tag{2-77}$$

其中 $\mathcal{I}_{\text{in}} \in \mathbb{R}^{H_1 \times W_1 \times I_1}$ 和 $\mathcal{I}_{\text{out}} \in \mathbb{R}^{H_2 \times W_2 \times I_2}$ 分别是进入 CONV 层前的张量、经过 CONV 层后的张量。$h_{\text{in}} \in \mathbb{R}^{I_1}$ 与 $h_{\text{out}} \in \mathbb{R}^{I_2}$ 分别是进入全连接层前的向量和进入后的向量。

$\boldsymbol{\mathcal{K}} \in \mathbb{R}^{I_1 \times H \times W \times I_2}$ 与 $\boldsymbol{W} \in \mathbb{R}^{I_2 \times I_1}$ 分别是卷积核和权值矩阵。当 $\mathcal{I}_{\text{in}}$ 的输入维数较高时，CNN 高昂的计算和存储会带来更严格的硬件资源要求。

文献 [251] 表明式（2-77）中的运算可以用随机张量绘制方法近似。张量 $\mathcal{X} \in \mathbb{R}^{I_1 \times \cdots \times I_N}$ 的模 n 描述由模 n 张量矩阵乘积定义为：

$$\mathcal{S}^{(n)} = \mathcal{X} \times_n U \tag{2-78}$$

其中 $\boldsymbol{U} \in \mathbb{R}^{K \times I_n}$ $\left(K \ll I_n\right)$ 是随机缩放符号矩阵（random scaled sign matrix）。

绘制卷积层（sketched convolutional layer，SK-CONV）由张量矩阵对序列 $\left(\mathcal{S}_{1_1},\ U_{1_1}\right),\cdots,\left(\mathcal{S}_{1_\ell},\ U_{1_\ell}\right),\left(\mathcal{S}_{2_1},\ U_{2_1}\right),\cdots,\left(\mathcal{S}_{2_\ell},\ U_{2_\ell}\right)$ 构建：

$$\hat{\mathcal{I}}_{\text{out}} = \frac{1}{2\ell}\sum_{i=1}^{\ell} \mathcal{I}_{\text{in}} * \left(\mathcal{S}_{1_i} \times \boldsymbol{U}_{1_i}^{\text{T}}\right) + \mathcal{I}_{\text{in}}\left(\mathcal{S}_{2_i} \odot \boldsymbol{U}_{2_i}^{\text{T}}\right) \tag{2-79}$$

其中 $\mathcal{S}_{1_i} \in \mathbb{R}^{I_1 \times H \times W \times K}$、$\mathcal{S}_{2_i} \in \mathbb{R}^{K \times H \times W \times I_2}$ 是两个卷积核，$\boldsymbol{U}_{1_i} \in \mathbb{R}^{K \times I_2}$、$\boldsymbol{U}_{2_i} \in \mathbb{R}^{KHW \times I_1 HW}$ 是两个独立的随机缩放符号矩阵，$i \in [\ell]$。$\left(\mathcal{S}_{2_i} \odot \boldsymbol{U}_{2_i}^{\text{T}}\right)(x,\ y,\ z,\ s)$ 定义如下：

$$\left(\mathcal{S}_{2_i} \odot \boldsymbol{U}_{2_i}^{\text{T}}\right)(x,\ y,\ z,\ s) = \sum_{c=1}^{K}\sum_{i=1}^{H}\sum_{j=1}^{W} \mathcal{S}_{2_i}(c,\ i,\ j,\ s) U_{2_i}(c,\ i,\ j)(x,\ y,\ z) \tag{2-80}$$

图 2-12 为参数为 $\left(\mathcal{S}_{1_1},\ U_{1_1}\right),\cdots,\left(\mathcal{S}_{1_\ell},\ U_{1_\ell}\right),\left(\mathcal{S}_{2_1},\ U_{2_1}\right),\cdots,\left(\mathcal{S}_{2_\ell},\ U_{2_\ell}\right)$ 的 SK-CONV 层。

绘制 FC 层（sketched FC，SK-FC），以类似方式构建：

$$\hat{h}_{\text{out}} = \frac{1}{2\ell}\sum_{i=1}^{\ell} \boldsymbol{U}_{1_i}^{\text{T}} \boldsymbol{\mathcal{S}}_{1_i} h_{\text{in}} + \frac{1}{2\ell}\sum_{i=1}^{\ell} \boldsymbol{\mathcal{S}}_{2_i} \boldsymbol{U}_{2_i} h_{\text{in}} + b \tag{2-81}$$

式中，$\boldsymbol{\mathcal{S}}_{1_i} \in \mathbb{R}^{K \times I_2}$ 和 $\boldsymbol{\mathcal{S}}_{2_i} \in \mathbb{R}^{I_1 \times K}$ 是两个权值矩阵；$\boldsymbol{U}_{1_i} \in \mathbb{R}^{K \times I_1}$ 和 $\boldsymbol{U}_{2_i} \in \mathbb{R}^{K \times I_2}$（$i \in [\ell]$）是两个独立的随机缩放符号矩阵；$\hat{h}_{\text{out}}$ 也是有界方差无偏的。

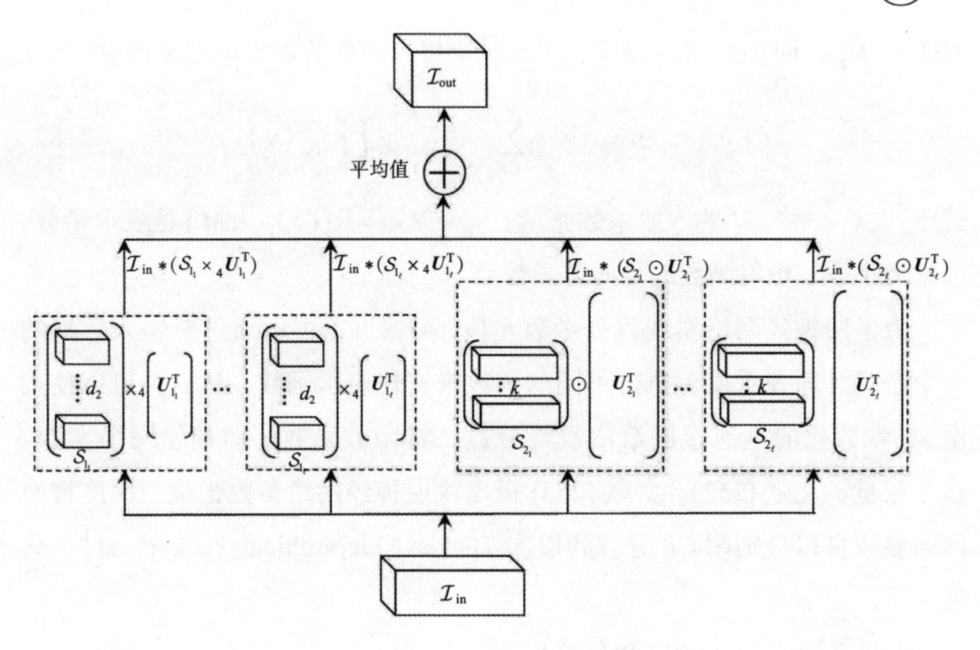

图 2-12　SK-CONV 层

压缩 RNN：通过使用高阶矩和高阶状态转移函数，Su 等人利用张量序列分解直接学习 RNN 的非线性动力学。

2.3.3.2　基于张量方法的深度学习理论

大多数深度神经网络都是端到端模型，就像“黑匣子”，很难理解网络特性，但深度网络比浅层网络更有效。一系列文献已经使用各种网络架构证明了这种现象如文献 [4]、文献 [18]。然而，现在无法解释为什么深度网络的性能会比浅层网络好。

文献 [252]、文献 [253] 试图建立函数、张量分解和神经网络之间的三元对应关系，从理论为深度学习提供一些深度效率解释。众所周知，神经网络可以表达任何函数，其表达能力在不同的网络架构中有所不同。一般来说，与浅层神经网络相比较，深度神经网络可以模拟更复杂的函数。

考虑一个分类任务 $X=(x_1,\cdots,x_N)$，$x_i \in \mathbb{R}^I$，输出 y 属于类别

$\{1,2,\cdots,K\}$，即 $y\in\{1,2,\cdots,K\}$。通过以下得分函数的表示来定义假设空间：

$$h_y\left(x_1,\cdots,x_N\right)=\sum_{d_1,\cdots,d_N=1}^{M}\mathcal{A}_{d_1,\cdots,d_N}^{y}\prod_{i=1}^{N}f_{\theta_{d_i}}\left(x_i\right) \tag{2-82}$$

式中，$\mathcal{A}^y\in\mathbb{R}^{M\times\cdots\times M}$ 为 N 阶系数张量；$f_{\theta_i}\in\mathbb{R}^I\to\mathbb{R}\left(i=1,\cdots,M\right)$ 是表示函数，通常为小波、仿射函数或径向基函数。

为了用神经网络实现得分函数 $h_y\left(x_1,\cdots,x_N\right)$，可以通过对输入数据的每个条目（即表示层）执行不同的函数来实现表示函数。然后，可以使用由 $\mathcal{A}^y$ 参数化的全连接层给出最终分数。将函数系数（即神经网络参数）作为张量。文献 [252]、文献 [253] 提出浅层神经网络参数张量与深度神经网络参数可以分别用 CP 分解和层次 Tucker（hierarchical Tucker，HT）分解表示。

假设系数张量 $\mathcal{A}^y$ 的 CP 分解为：

$$\mathcal{A}^y=\sum_{z=1}^{Z}a_z^y u_z^{(1)}\circ\cdots\circ u_z^{(N)} \tag{2-83}$$

则有：

$$h_y\left(x_1,\cdots,x_N\right)=\sum_{z=1}^{Z}a_z^y\prod_{i=1}^{N}\left(\sum_{d=1}^{M}u_z^i\left(d\right)f_{\theta_d}\left(x_i\right)\right) \tag{2-84}$$

其中 $a^y=\left\{a_1^y;\cdots;a_z^y\right\}$。它可以通过图 2-13 所示的单隐层卷积运算电路实现。

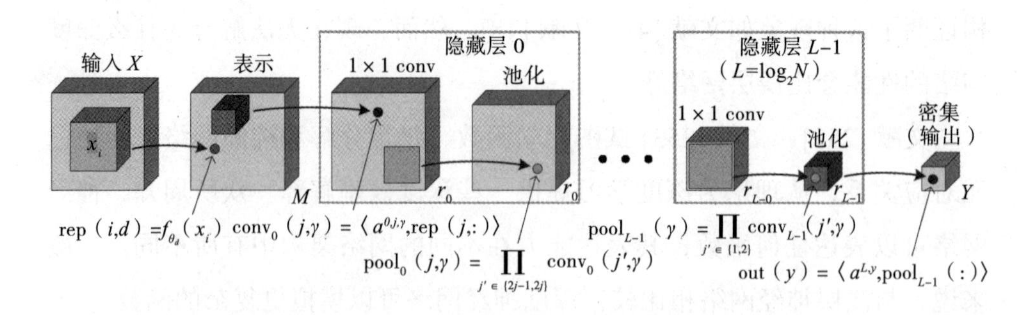

图 2-13　单隐层卷积算术电路结构

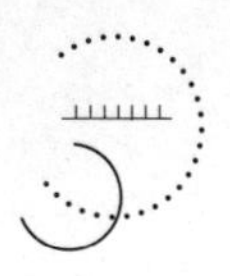

基于 HT 分解，得到 $\mathcal{A}^y$ 的表达式如下：

$$
\begin{aligned}
\phi^{1,\ j,\ \gamma} &= \sum_{\alpha=1}^{r_0} a_\alpha^{1,\ j,\ \gamma} u^{0,2j-1,\ \alpha} \circ u^{0,2j,\ \alpha} \\
&\cdots \\
\phi^{l,\ j,\ \gamma} &= \sum_{\alpha=1}^{r_{l-1}} a_\alpha^{l,\ j,\ \gamma} u^{l-1,2j-1,\ \alpha} \circ u^{l-1,2j,\ \alpha} \\
&\cdots \\
\phi^{\mathrm{L}-1,\ j,\ \gamma} &= \sum_{\alpha=1}^{r_{L-2}} a_\alpha^{\mathrm{L}-1,\ j,\ \gamma} u^{L-2,2j-1,\ \alpha} \circ u^{L-2,2j,\ \alpha} \\
\mathcal{A}^y &= \sum_{\alpha=1}^{r_{L-1}} a_\alpha^{\mathrm{L},\mathrm{y}} \phi^{L-1,1,\ \alpha} \circ \phi^{L-1,2,\ \alpha}
\end{aligned}
\tag{2-85}
$$

其中 $r_0,\cdots,r_{L-1}$ 是 HT 秩。图 2-14 给出了具有 L 个隐藏层的相应卷积算术电路架构，其中池窗口的大小为 2。

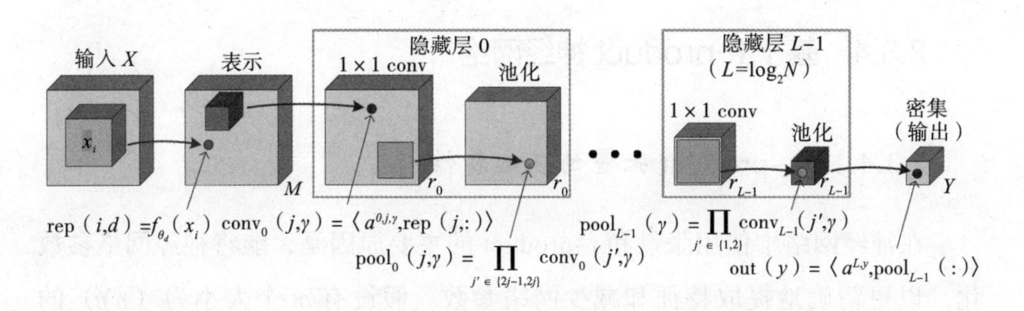

图 2-14 HT 模型——实现分层分解的卷积运算电路

图 2-12 和图 2-14 表示的网络中，它们之间的唯一区别是网络的深度。具体而言，浅层网络对应于加权张量的 CP 分解，而深度网络对应于 HT 分解。HT 分解生成的张量可以比 CP 分解捕获更多的信息，因为 HT 秩的数量大于 1。因此，这在一定程度上解释了神经网络的深度效率。

Li 等人 [255] 利用张量分析得出了一组数据相关且易于测量的特性，这些特性表征神经网络的可压缩性和普适性，度量神经网络对未知测试数据的性能。与 Arora 等人 [254] 提出的基于压缩方法的泛化边界相比，Li 等人 [255]

通过利用神经网络权重张量中的附加结构，为逐层误差传播提供了更严格的边界。深度学习理论和张量之间还有其他关联[256-258]。张量和深度精神网络之间的对应关系，如表 2-2 所示。

表2-2 张量与深度神经网络之间的对应关系

张量分解	深度神经网络
CP 分解	浅层神经网络
Tensor-train 分解	RNN
HT 分解	CNN
分解的秩	网络宽度

2.3.4 基于 t-product 神经网络

2.3.4.1 t-product 张量的压缩特性

在神经网络中使用张量和 t-product 的主要原因是，能将神经网络参数化，以更精确地提取特征和减少网络参数。假设有 m 个大小为（$n'n$）的二维数据样本，将这些样本向量化，并将它们存储为大小为（$n^2'm$）的矩阵 $\boldsymbol{A}$，或将这些样本作为侧面切片（lateral slices）存储在（$n'm'n$）的张量中，如图 2-15 所示。在相同数量的输出特征情况下，图 2-15（a）矩阵权值要求参数的个数为 n^4，而图 2-15（b）张量权值的参数个数为 n^3。因此，t-product 张量的搜索空间更小，参数量显著减少，随着数据和神经网络规模增大，这种计算优势更加明显。对于更高维的数据和大数据，这种参数化显得更为重要。

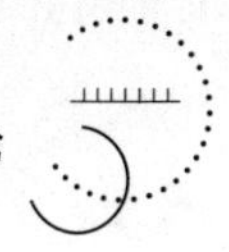

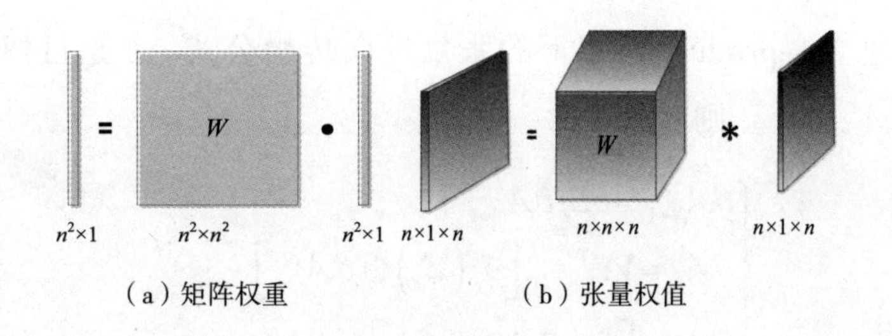

（a）矩阵权重　　（b）张量权值

图 2-15　矩阵参数化与 t-product 参数化

2.3.4.2　张量神经网络

假设有张量 $\mathcal{A}_j \in \mathbb{R}^{l_j\times m\times n}$，$\mathcal{W}_j \in \mathbb{R}^{l_{j+1}\times l_j\times n}$ 和 $\overrightarrow{\mathcal{B}}_j \in \mathbb{R}^{l_{j+1}\times 1\times n}$，张量正向传播形式为：

$$\mathcal{A}_{j+1} = \sigma\left(\mathcal{W}_j * \mathcal{A}_j + \overrightarrow{\mathcal{B}_j}\right),\ j = 0,1,\cdots,N-1 \tag{2-86}$$

其中 σ 是一个对应元素的非线性激活函数，N 是神经网络网络的层数，$\mathcal{W}_j$ 将层 j 映射到层 j+1，$\mathcal{W}_{j+1} \in \mathbb{R}^{l_{j+1}\times m\times n}$，求和运算符“+”将 $\overrightarrow{\mathcal{B}}_j$ 加到 $\mathcal{W}_j * \mathcal{A}_j$ 的每个侧面切片。

对于一个分类问题来说，在神经网络输出层应用一个分类矩阵来将输出重新调整为目标矩阵大小。将这种方法推广到张量，我们在网络的输出层应用一个分类张量 $\mathcal{W}_N \in \mathbb{R}^{p\times l_N\times n}$，其中 p 是分类数。

张量损失函数：在 t-product 张量积框架中，每个输出特征都是一个大小为 $p\times1\times n$ 的侧面切片，$\overrightarrow{\mathcal{A}}_{N+1} = \mathcal{W}_N * \overrightarrow{\mathcal{A}}_N$，其中 p 为分类数。为实现性能评估，形式化定义如式（2-87）目标函数：

$$E(\mathcal{N}) \equiv \frac{1}{t}\sum_{i=1}^{t} L\left(\overrightarrow{\mathcal{X}}^i,\ c^i\right) + R(\mathcal{N}) \tag{2-87}$$

其中 $\overrightarrow{\mathcal{X}}^i$ 是第 i 输出特征，c^i 是第 i 个输出特征的真正分类。损失函数是由管函数（tubal function）f：$\mathbb{R}^{p\times1\times n} \to \mathbb{R}^{1\times1\times n}$ 和管损失函数 L：$\mathbb{R}^{1\times1\times n} \to \mathbb{R}$ 组成的。

张量反向传播：在评估网络性能之后，我们使用多变量链式规则计算梯度来更新网络参数，即用反向传播来调整网络参数。与矩阵反向传播类似，建立 t-product 框架下的张量反向传播公式。E 是目标函数，设 $\mathcal{Z}_j = \mathcal{W}_{j*M}\mathcal{A}_j + \overrightarrow{\mathcal{B}}_j$，则有：

$$\begin{cases} \delta\mathcal{A}_{N+1} = \partial E / \partial\mathcal{A}_{N+1} \\ \delta\mathcal{A}_j = \boldsymbol{\mathcal{W}}_j^{\mathrm{T}} *_M \left[\delta_j'\left(\mathcal{Z}_j\right) \odot \delta\mathcal{A}_{j+1}\right] \\ \delta\mathcal{W}_j = \left[\delta_j'\left(\mathcal{Z}_j\right) \odot \delta\mathcal{A}_{j+1}\right] *_M \mathcal{A}_j^{\mathrm{T}} \\ \partial\overrightarrow{\mathcal{B}}_j = \mathrm{sum}\left(\delta_j'\left(\mathcal{Z}_j\right) \odot \delta\mathcal{A}_{j+1}, 2\right) \end{cases} \tag{2-88}$$

其中 $j = 0,1,\cdots,N$，$\odot$ 为 Hadamard 积，δ_j' 为激活函数导数，函数 $\mathrm{sum}(\cdot,2)$ 是张量第 2 阶的和。

2.3.4.3 训练神经网络

为了训练深层神经网络，通常使用一种形式的随机梯度下降（SGD）[27]。

SGD 使 DNN 能够使用海量训练数据集进行训练，并且随机化减少了过度拟合的机会。

最流行的 SGD 算法之一是小批量梯度下降算法，该算法选择一个小样本，从中执行梯度下降和更新网络参数的训练数据。批量梯度下降算法如算法 2.14 所示。

算法 2.14 Mini-batch gradient descent

```
Input: Training data A ∈ ℝ^{ℓ×t×n}, network N, batch size m, learning rate α
Output: Updated network N*
Shuffle training data indices Ã        {swap lateral slices randomly }
for i = 1 to i = [t / m]{ number of batches } do
   Form batch X = Ã(:,(i − 1)m + 1 : im,:)
   Run batch through network: Y = N(X)
   Evaluate performance using (5.7) : ε = E(Y)        {error= ε}
   Compute error and gradients through back-propagation (2.86)
   for j = 0 to j = N − 1 do
     W_j = W_j − α · δW_j                  {Updated network N* }
     B⃗_j = B⃗_j − α · δB⃗_j
  end for
end for
```

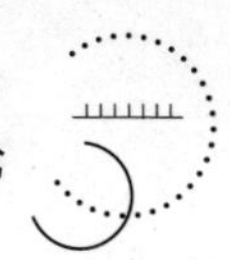

2.3.5　低秩张量恢复

在采集或传输过程中，许多真实数据不可避免地会损坏或丢失。例如，在推荐系统中，著名的 Netflix 评级矩阵 $\boldsymbol{X} \in \mathbb{R}^{I \times J}$ 缺失数据，其中每个观察到的数据 $X(i,\ j)$ 表示客户 i 观看了电影 j，且客户 i 对电影 j 的评级。评级矩阵缺失数据可能代表着特定客户对特定电影的喜爱程度。因此，如何准确地恢复缺失矩阵是推荐电影的关键。缺失成分分析（矩阵完备）也称为矩阵补全（matrix completion），可以根据一定的假设来填补缺失项，在推荐系统 [269，270] 和图像补全 [271，272] 中受到越来越多的关注。然而，随着高阶数据的出现，由于矩阵化或向量化操作，矩阵补全不能很好地利用高阶结构。张量作为矩阵的有效扩展，张量补全（张量完备）（tensor completion）广泛用于解决高阶数据（张量数据）缺失问题。

2.3.5.1　矩阵补全

矩阵补全有两个关键问题：一个是如何针对已知和未知项之间的关系建模，另一个是观察到的样本如何影响补全性能。针对第一个问题，方法是使其与邻居相似，或采用低秩等全局特征。基于低秩假设，矩阵完备可以分为两组：一组是秩最小化模型，另一组是低秩矩阵分解模型。

秩最小化模型：在低秩矩阵完备中，需要找到秩最小的矩阵 X，该矩阵与观测矩阵 $\boldsymbol{M} \in \mathbb{R}^{I_1 \times I_2}$ 在观察集 O 中涉及的所有指标上相匹配。秩最小化的数学模型如下：

$$\begin{cases} \min\limits_{X} \ \operatorname{rank}(X) \\ \text{s.t.}\ X(i_1,\ i_2) = \boldsymbol{M}(i_1,\ i_2),\ \forall (i_1,\ i_2) \in O \end{cases} \tag{2-89}$$

式（2-89）优化问题是 NP 难题，因此，使用了一些技巧来替换秩函数以获得有效解，如采用核范数 $\operatorname{rank}(X) = \|X\|_*$ 形式的正则化惩罚。数学模型式（2-89）改写为：

$$\begin{cases} \min\limits_{X} \ \|X\|_* \\ \text{s.t.}\ X(i_1,\ i_2) = \boldsymbol{M}(i_1,\ i_2),\ \forall (i_1,\ i_2) \in O \end{cases} \tag{2-90}$$

低秩矩阵分解模型：由于低秩矩阵补全也可被视为具有缺失分量的矩阵分解，因此提出了另一个等价模型，形式如下：

$$\begin{cases} \min\limits_{U,\ V} \ \frac{1}{2}\left\|U\boldsymbol{V}^{\mathrm{T}} - \boldsymbol{M}\right\|_F^2 \\ \text{s.t.}\ U(i_1,:)\boldsymbol{V}^{\mathrm{T}}(:,\ i_2) = M(i_1,\ i_2),\ \forall (i_1,\ i_2) \in O \end{cases} \tag{2-91}$$

其中 $U \in \mathbb{R}^{I_1 \times R}$，$V \in \mathbb{R}^{I_2 \times R}$。这种方法需要预先给出秩 R，因此需要大量时间进行参数调整。

2.3.5.2 张量补全

矩阵补全的应用促进了张量补全的出现，张量补全相应地使用各种张量分解形式从其部分观测值中恢复张量[273]。关于张量补全最早的参考文献是文献 [274]、文献 [171]，作者使用 CP 和 Tucker 分解来构建优化模型。它们显示了张量完成恢复相关数据的潜力。为了解决 CP 秩问题，作者在文献 [281] 中提出了用于图像恢复的贝叶斯 CP 分解（Bayesian CP factorization，FBCP），使用贝叶斯推理自动确定 CP 秩。与经典分解相比，张量列（TT）和张量环（TR）等受量子启发分解方法显示出强大的表达能力，因此在可视化数据恢复方面取得了成功[276-280]。

张量补全实例如图 2-16 所示[289]。上部 3 个子图给出了大小为 $3 \times 3 \times 3$ 的张量（CP 秩 1），有 11 个观测值，空白小方格表示未知数据。张量补全的任务是用张量的低秩假设填补空白数据。使用 CP 分解公式，列出 11 个方程，并进行求解，结果如图 2-16（d）～图 2-16（f）所示。如果我们只关注其中一个正面切片（frontal slice），实际上是在做矩阵补全。

由于张量是矩阵的推广，所以张量补全的低秩框架与矩阵补全的框架类似，有秩最小化和低秩张量分解两种数学模型。

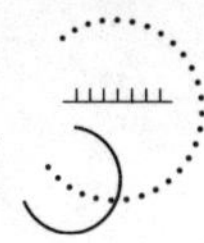

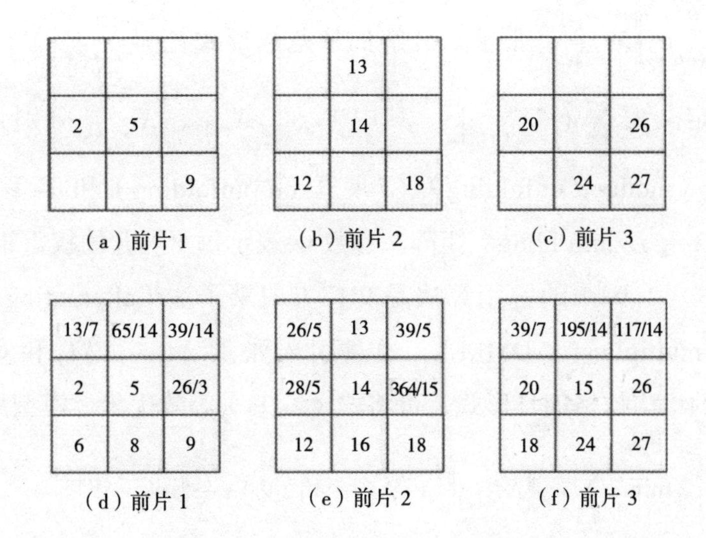

图 2-16 三阶张量补全实例，有 11 个观测值，秩 -1 CP 分解

张量秩最小化模型：$\mathcal{T} \in \mathbb{R}^{I_1 \times \cdots \times I_D}$ 的张量完备的原始秩最小化模型可以表示为找到具有最小秩的大小相同的张量 $\mathcal{X}$，使 $\mathcal{X}$ 在 Ω 上的投影与观测值匹配。

$$\begin{cases} \min\limits_{\mathcal{X}} \ \operatorname{rank}(\mathcal{X}) \\ \text{s.t.}\ P_{\Omega}(\mathcal{X}) = P_{\Omega}(\mathcal{T}) \end{cases} \tag{2-92}$$

其中 P_Ω 是随机抽样算子：

$$P_{\Omega}(\mathrm{X}) = \begin{cases} \mathrm{X}(i_1, \cdots, i_D), & (i_1, \cdots, i_D) \in \Omega \\ 0, & \text{其他} \end{cases} \tag{2-93}$$

由于矩阵核范数是矩阵秩函数的最紧凸松弛，张量完备的凸优化模型主要继承和利用了这一性质[17, 19, 49]。将矩阵核范数扩展为张量范数，相应的凸优化模型可形式化如下：

$$\begin{cases} \min\limits_{\mathcal{X}} \ \|\mathcal{X}\|_* \\ \text{s.t.}\ P_{\Omega}(\mathcal{X}) = P_{\Omega}(\mathcal{T}) \end{cases} \tag{2-94}$$

其中张量核范数根据不同的张量分解而有所不同。例如，Tucker 分解的

核范数为 $\sum_{d=1}^{D} w_d \left\| X_{(d)} \right\|_*$；张量列分解的核范数形式化为 $\sum_{d=1}^{D-1} w_d \left\| X_{\langle d \rangle} \right\|_*$；张量环核范数定义为 $\sum_{d=1}^{L} w_d \left\| X_{\langle d,\ L \rangle} \right\|_*$。其中 $X_{(d)}$、$X_{(d)}$、$X_{(d,\ L)}$ 分别是 $\mathcal{X}$ 的模式 $-d$ 展开（mode-d unfolding）、d 展开（d-unfolding）和 d- 移位 L- 展开（d-shifting L-unfolding）矩阵。参数 w_d 表示每个展开的权重矩阵。

求解式（2–94）的常用算法是交替方向乘子法（alternating direction method of multiplier，ADMM）。通过引入张量 $\mathcal{M}_1,\cdots,\ \mathcal{M}_D$ 和对偶变量 $\mathcal{Y}_1,\cdots,\ \mathcal{Y}_D$ 的增广拉格朗日形式，可将式（2–93）等效优化，模型如下：

$$\begin{cases} \min\limits_{\mathcal{X},\ \mathcal{M}_d,\ \mathcal{Y}_d} \sum_{d=1}^{D} w_d \left\| \mathcal{M}_{d,[d]} \right\|_* + \langle \mathcal{M}_d - \mathcal{X},\ \mathcal{Y}_d \rangle + \frac{\rho}{2} \left\| \mathcal{M}_d - \mathcal{X} \right\|_F^2 \\ \text{s.t.}\ P_\Omega(\mathcal{X}) = P_\Omega(\mathcal{T}) \end{cases} \tag{2–95}$$

其中下标 $[d]$ 表示张量 $\mathcal{M}_d$ 第 d 次展开，ρ 是惩罚系数。ADMM 的过程是将原始问题分解为多个小问题，每个小问题都有一个可以快速求解的变量。将式（2–95）分解成关于 $\mathcal{M}_d$，$\mathcal{X}$，$\mathcal{Y}_d\ (d=1,\cdots,\ D)$ 的 $2D+1$ 个子问题。

$$\begin{cases} \mathcal{M}_d^* = \arg\min\limits_{\mathcal{M}_d} \sum_{d=1}^{D} w_d \left\| \mathcal{M}_{d,[d]} \right\|_* + \langle \mathcal{M}_d - \mathcal{X},\ \mathcal{Y}_d \rangle + \frac{\rho}{2} \left\| \mathcal{M}_d - \mathcal{X} \right\|_F^2 \\ \mathcal{X}^* = \arg\min\limits_{\mathcal{X}} \sum_{d=1}^{D} \langle \mathcal{M}_d - \mathcal{X},\ \mathcal{Y}_d \rangle + \frac{\rho}{2} \left\| \mathcal{M}_d - \mathcal{X} \right\|_F^2 \\ \text{s.t.}\ P_\Omega(\mathcal{X}) = P_\Omega(\mathcal{T}) \\ \mathcal{Y}_d = \mathcal{Y}_d + \rho(\mathcal{M}_d - \mathcal{X}) \end{cases} \tag{2–96}$$

通过设置一些停止准则，如最大迭代次数和对变量或目标函数的某些绝对或相对变化的容差，该算法可以收敛到全局最优。算法 2.15 总结了关于凸张量补全的 ADMM 详细情况，其中 soft 是软阈值算子。

基于 CP 分解、Tucker 分解和 TR 的恢复方法的采样分析分别见文献 [276]、文献 [282，283]，其主要思想是证明通过添加任意扰动函数严格大于对应于最优解的值。

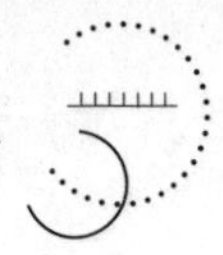

与文献 [282，283] 中使用的框架不同，参考文献 [276] 使用了代数几何方法。表 2-3 提供了最新参考文献列表，并对样本复杂度进行了比较 [289]，对于 $d=1,\cdots,D$，$I_d=I$，$R_d=R$。

算法 2.15　ADMM for tensor completion

Input: Observed tensor $\mathcal{T}$, support set Ω, maximal iteration number K

Output: $\mathcal{X}$

set $\mathcal{X}^0=\mathcal{T},\mathcal{M}_d^0=\mathcal{T},\mathcal{Y}_d^0$ as zero tensor

for $k=1$ to K

$\mathcal{M}_d^k=\text{fold}_{[d]}\left[\text{soft}_{\frac{w_d}{\rho}}\left(\mathcal{X}_{[d]}^{k-1}-\frac{1}{\rho}\mathcal{Y}_{d[d]}^{k-1}\right)\right]$

$\mathcal{X}^k=\mathcal{T}_\Omega+\left(\frac{1}{D}\sum_{d=1}^{D}\mathcal{M}_d^k+\frac{1}{\rho}\mathcal{Y}_d^{k-1}\right)_{\Omega^\perp}$

$\mathcal{Y}_d^k=\mathcal{Y}_d^{k-1}+\rho\left(\mathcal{M}_d^k-\mathcal{X}^k\right)$

if converged

break

end

end

Return $\mathcal{X}^K$

表2-3　基于不同张量分解的五种算法的样本复杂度比较

分解方法	采用方法	模型	算法	算法复杂度
Tensor-train	uniform	First-order polynomials [284]	Newton's method [285]	$O\left[D\log\left(IR^2\right)\right]$
Tensor ring	uniform	Sum of nuclear norm minimiztion	TRBU [276]	$O\left[I^{\lceil D/2\rceil}R^2\log^7\left(I^{\lceil D/2\rceil}\right)\right]$
Tucker	uniform	Sum of nuclear norm minimization	SNN [283]	$O\left(R^{\lceil D/2\rceil}I^{\lceil D/2\rceil}\right)$
CP	uniform	First-order polynomials [282]	Newton's method [285]	$O\left(I^2\log\left(DIR\right)\right)$

低秩张量分解模型：在特定的张量分解形式下，张量补全的非凸优化模型可以表示为具有预定义张量秩的广义数据拟合问题，所需变量是恢复所需张量的潜在因子。

给定一个张量 $\mathcal{X}$，且 $\mathcal{X}=f(\mathcal{U}_1,\cdots,\mathcal{U}_D)$。函数 f 表示将张量因子 $\mathcal{U}_1,\cdots,\mathcal{U}_D$ 合并为一个张量的收缩函数。优化模型形式化如下：

$$\min_{\mathcal{U}}\left\|P_\Omega\left(f\left(\mathcal{U}_1,\cdots,\mathcal{U}_D\right)\right)-P_\Omega\left(\mathcal{T}\right)\right\|_2^2 \tag{2-97}$$

其中 $\mathcal{X}=f(\mathcal{U}_1,\cdots,\mathcal{U}_D)$ 随不同的张量分解（如 Tucker、tensor-train、Tensor-ring 分解）而变化。

式（2-97）是一个非线性拟合问题。人们提出了许多算法来解决具有缺失数据的张量分解问题，例如：块坐标下降（block coordinate descent，BCD）算法[286]、随机梯度下降（stochastic gradient descent）算法[287，288]、信赖域（trust region）算法[288]和 Levenberg-Marquardt 算法[290]。BCD 算法采用交替最小化方法，在保持其余因子不变的情况下交替优化因子 $\mathcal{U}_d$。每个子问题可表述如下：

$$\min_{\mathcal{U}_d}\left\|P_\Omega\left(f\left(\mathcal{U}_1,\cdots,\mathcal{U}_D\right)\right)-P_\Omega\left(\mathcal{T}\right)\right\|_2^2 \tag{2-98}$$

这是关于每个块变量的二次型，因此易于通过 BCD 求解。张量补全的 BCD 方法的详细信息如算法 2.16 所示。

算法 2.16 BCD algorithm for tensor completion

```
Input: Observed T, support set Ω, maximal iteration number
 K Output: X
 set X^(0) = T
 for k = 1 to K
   U_d^k = arg min_{U_d} ||P_Ω[f(U_1,···,U_D)] − P_Ω(T)||_2^2
    if converged
       break
     end
  end
  Return X^K
```

表 2-4 总结了基于不同分解的 8 种算法的计算复杂度[289]。包括张量环和核范数极小化（tensor ring nuclear norm minimization，TRNNM）[301]、通过交替最小二乘实现的低秩张量环补全（low-rank tensor ring completion

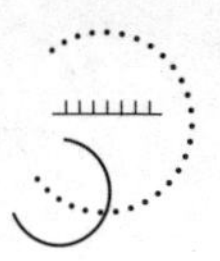

via alternating least square，TR-ALS）[302]、通过张量序列实现的简单低秩张量完备（simple low-rank tensor completion via tensor train，SiLRTC-TT）[275]、高精度低秩张量补全算法（high accuracy low-rank tensor completion algorithm，HaLRTC）[171]、通过张量核范数最小化实现低秩张量补全（low-rank tensor completion via tensor nuclear norm minimization，LRTC-TNN）[171]、用于图像恢复的贝叶斯 CP 分解（Bayesian CP Factorization，FBCP）[195] 和平滑低秩张量树（smooth low-rank tensor tree completion，STTC）[281] 完成。D 是张量数据的阶数，I 是维数大小，M 是样本数，R（$[R, \cdots, R]$）是张量秩。

表2-4　在一次迭代中8种算法的计算复杂度比较

算法	复杂度	算法	复杂度	算法	复杂度	算法	复杂度
TRBU[276]	$O\left(DI^{3D/2}\right)$	TRNNM[301]	$O\left(DI^{3D/2}\right)$	TR-ALS[302]	$O\left(DMR^4\right)$	SiLRTC-TT[275]	$O\left(DI^{3D/2}\right)$
LRTC-TNN[194]	$O\left(I^{D+1}\right)$	FBCP[195]	$O\left(DMR^2\right)$	STTC[281]	$O\left(DI^{D+1}\right)$	HaLRTC[171]	$O\left(DI^{3D-3}\right)$

2.3.6　耦合张量

多模数据广泛存在于不同传感器的数据采集中。在医学诊断中，从一个患者身上能同时获取多种类型的数据，如脑电图（EEG）、心电图（ECG）监测数据和功能磁共振成像（fMRI）扫描。这类数据共享一些共同的潜在成分，但也保留了其自身的某些独立特征。因此，以适当的方式分析此类数据可能是耦合方式，而不是独立处理。因此，耦合方式分析能有效分析此类数据，而不是独立处理。矩阵 / 张量表示获得的数据，利用耦合矩阵 / 张量分解对来自多个源的数据的联合分析进行建模。耦合矩阵 / 张量分量分析在数据挖掘 [291-292] 和信号处理 [293-296] 方面备受关注。

当获得的数据具有低秩结构时，耦合矩阵 / 张量分量分析可用于缺失数据恢复。如图 2-17 所示 [289]，链路预测旨在根据观测数据给出一些推荐或建议。立方体表示位置 - 旅行者 - 活动的关系，可以用张量建模。由于收集的信息还不够，如果我们只观察这些数据，就会发生冷启动问题（cold start problem）[297]。如果我们能够获得旅游者与旅游者、特征与位置、活动与旅游地点之间的关系，就可以将它们视为辅助信息并建模为矩阵，从而可以避免冷启动问题。当张量不完整时，因为张量和矩阵共享一些潜在信息，矩阵中的共享信息将有助于张量恢复。

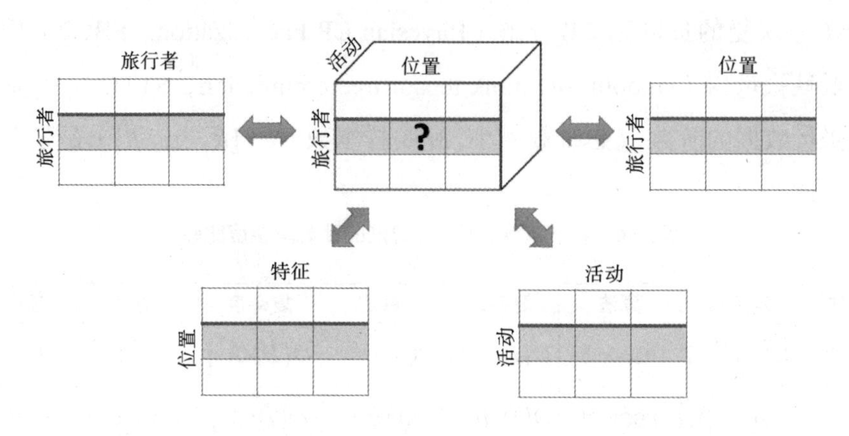

图 2-17　张量数据不完整，通过共享一些潜在信息与矩阵耦合

2.3.6.1　耦合矩阵与张量分解模型

在多模式系统中，我们可以获得不同类型的数据。在餐厅推荐系统中，可以得到一个三阶评分张量，其数据表示不同顾客对来自不同餐馆的不同饭菜的评级，如图 2-18 所示。矩阵与张量的耦合是有效分析此类数据的强大工具，通常出现在许多应用中，如社区检测、协同过滤和化学计量学。

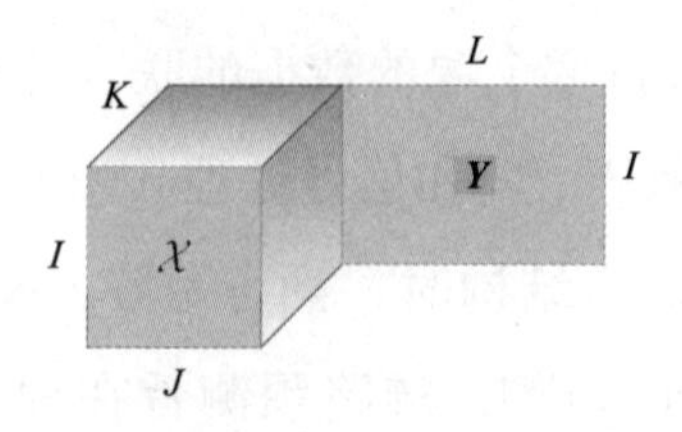

图 2-18　耦合矩阵与张量分解

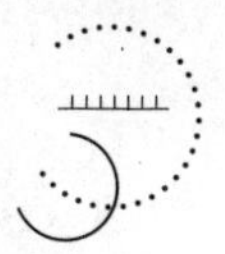

给定一个三阶张量 $\mathcal{X} \in \mathbb{R}^{I \times J \times K}$，相关矩阵 $\boldsymbol{Y} \in \mathbb{R}^{I \times L}$，假设它们以模式 -1 耦合。相应的耦合矩阵与张量分解（coupled matrix and tensor factorization，CMTF）可以形式化如下：

$$f\left(\boldsymbol{A},\ \boldsymbol{B},\ \boldsymbol{C},\ \boldsymbol{V}\right)=\left\|\mathcal{X}-[\![\boldsymbol{A},\ \boldsymbol{B},\ \boldsymbol{C}]\!]\right\|_F^2+\left\|Y-\boldsymbol{A}\boldsymbol{V}^{\mathrm{T}}\right\|_F^2 \tag{2-99}$$

其中 $[\![A,\ B,\ C]\!]$ 表示 CP 分解的因子矩阵 $\boldsymbol{A}$，$\boldsymbol{B}$ 和 $\boldsymbol{C}$，$\boldsymbol{V}$ 是 Y 的因子。与 CP-ALS 类似，式（2-99）可以通过 ALS 框架解决，ALS 更新一个变量，其他变量固定，如算法 2.17 所示。CMTF 模型应用其他张量分解进行扩展，如 Tucker[298] 和 BTD[299]。

算法 2.17 ALS for CMTF

Input: $\mathcal{X} \in \mathbb{R}^{I \times J \times K}$, $\boldsymbol{Y} \in \mathbb{R}^{I \times L}$ and CP – rank R
Initialize A, B, C, V
While not converged do
1.solve for A (with B, C, V fixed)
$\min\limits_{A}\left\|[\boldsymbol{X}_{(1)}, \boldsymbol{Y}]-A[(C \otimes B)^{\mathrm{T}}, \boldsymbol{V}^{\mathrm{T}}]\right\|_F^2$
2.solve for B (with A, C, V fixed)
$\min\limits_{B}\left\|\boldsymbol{X}_{(2)}-B(C \otimes A)^{\mathrm{T}}\right\|_F^2$
3.solve for C (with A, B, V fixed)
$\min\limits_{C}\left\|\boldsymbol{X}_{(3)}-C(B \otimes A)^{\mathrm{T}}\right\|_F^2$
4.solve for V (with A, B, C fixed)
$\min\limits_{V}\left\|\boldsymbol{Y}-\boldsymbol{A}\boldsymbol{V}^{\mathrm{T}}\right\|_F^2$
Until fit ceases to improve or maximum iterations exhausted
Output: A, B, C, V

2.3.6.2 耦合张量分解模型

除了具有一个张量和一个矩阵的 CMTF 模型外，两个耦合数据都是张量形式。在交通信息系统中，我们可以收集不同类型的交通数据。获得的交通流数据表示为三阶张量 $\mathcal{X} \in \mathbb{R}^{I \times J \times K}$，其中 I 表示路段数，J 表示天数，K 表示时隙数，其数据表示交通流。此外，可以收集同一道路交通网络中的道路环境数据 $\mathcal{Y} \in \mathbb{R}^{I \times L \times M}$ 作为辅助信息，其中 L 表示车道数，M 表示有关天气（下雨、下雪、晴天等）的变量数，每个元素表示事故的频率。这种耦合张量模型如图 2-19 所示。

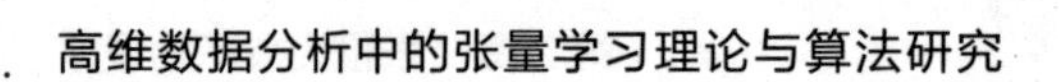

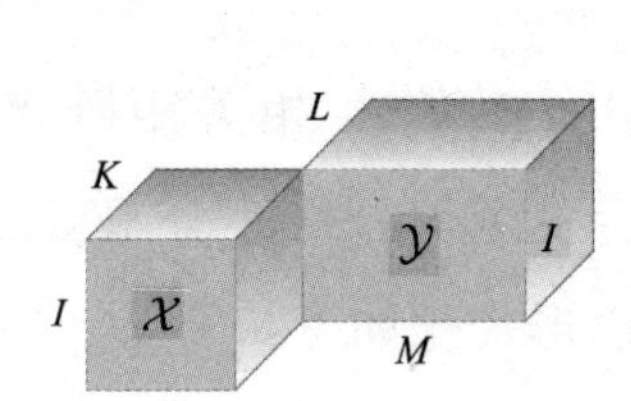

图 2-19　交通流耦合张量分解

交通流张量 $\mathcal{X}$ 和环境数据 $\mathcal{Y}$ 的耦合张量分解（coupled tensor factorization，CTF）可以定义为：

$$\min_{\boldsymbol{A},\ \boldsymbol{B},\ \boldsymbol{C},\ \boldsymbol{D},\ \boldsymbol{E}} \left\|\mathcal{X} - [\![\boldsymbol{A},\ \boldsymbol{B},\ \boldsymbol{C}]\!]\right\|_F^2 + \left\|\mathcal{Y} - [\![\boldsymbol{A},\ \boldsymbol{D},\ \boldsymbol{E}]\!]\right\|_F^2 \tag{2-100}$$

其中 $[\![\boldsymbol{A},\ \boldsymbol{B},\ \boldsymbol{C}]\!]$ 表示具有因子矩阵 $\boldsymbol{A}$，$\boldsymbol{B}$ 和 $\boldsymbol{C}$ 的 $\mathcal{X}$ 的 CP 分解，$[\![\boldsymbol{A},\ \boldsymbol{D},\ \boldsymbol{E}]\!]$ 表示 $\mathcal{Y}$ 的 CP 分解。根据耦合矩阵与张量分解的 CMTF-OPT[301]，可以用类似的方式求解式（2-100）中的优化模型。这类损失函数如下：

$$f(\boldsymbol{A},\ \boldsymbol{B},\ \boldsymbol{C},\ \boldsymbol{D},\ \boldsymbol{E}) = \frac{1}{2}\left\|\mathcal{X} - [\![\boldsymbol{A},\ \boldsymbol{B},\ \boldsymbol{C}]\!]\right\|_F^2 + \frac{1}{2}\left\|\mathcal{Y} - [\![\boldsymbol{A},\ \boldsymbol{D},\ \boldsymbol{E}]\!]\right\|_F^2 \tag{2-101}$$

进一步定义 $\widehat{\mathcal{X}} = [\![\boldsymbol{A},\ \boldsymbol{B},\ \boldsymbol{C}]\!]$，$\widehat{\mathcal{Y}} = [\![\boldsymbol{A},\ \boldsymbol{D},\ \boldsymbol{E}]\!]$ 分别作为 $\mathcal{X}$ 和 $\mathcal{Y}$ 的评估值。首先，结合所有因子矩阵，我们可以得到变量 z：

$$z = \left[\boldsymbol{a}_1^{\mathrm{T}};\cdots;\ \boldsymbol{a}_R^{\mathrm{T}};\ \boldsymbol{b}_1^{\mathrm{T}};\cdots;\ \boldsymbol{b}_R^{\mathrm{T}};\ \boldsymbol{c}_1^{\mathrm{T}};\cdots;\ \boldsymbol{c}_R^{\mathrm{T}};\ \boldsymbol{d}_1^{\mathrm{T}};\cdots;\ \boldsymbol{d}_R^{\mathrm{T}};\ \boldsymbol{e}_1^{\mathrm{T}};\cdots;\ \boldsymbol{e}_R^{\mathrm{T}}\right] \tag{2-102}$$

然后，计算式（2-103）。

$$\begin{cases} \dfrac{\partial f}{\partial \boldsymbol{A}} = \left(\widehat{X}_{(1)} - \boldsymbol{X}_{(1)}\right)(\boldsymbol{C} \odot \boldsymbol{B}) + \left(\widehat{Y}_{(1)} - \boldsymbol{Y}_{(1)}\right)(\boldsymbol{E} \odot \boldsymbol{D}) \\ \dfrac{\partial f}{\partial \boldsymbol{B}} = \left(\widehat{X}_{(2)} - \boldsymbol{X}_{(2)}\right)(\boldsymbol{C} \odot \boldsymbol{A}) \\ \dfrac{\partial f}{\partial \boldsymbol{C}} = \left(\widehat{X}_{(3)} - \boldsymbol{X}_{(3)}\right)(\boldsymbol{B} \odot \boldsymbol{A}) \\ \dfrac{\partial f}{\partial \boldsymbol{D}} = \left(\widehat{Y}_{(2)} - \boldsymbol{Y}_{(2)}\right)(\boldsymbol{E} \odot \boldsymbol{A}) \\ \dfrac{\partial f}{\partial \boldsymbol{E}} = \left(\widehat{Y}_{(3)} - \boldsymbol{Y}_{(3)}\right)(\boldsymbol{D} \odot \boldsymbol{A}) \end{cases} \tag{2-103}$$

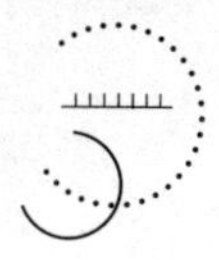

其中 $\boldsymbol{X}_{(n)}$ 为张量 $\mathcal{X}$ 的模式 $-n$ 矩阵。最后，所有因子矩阵梯度的向量化组合可以写成：

$$g=\left[\operatorname{vec}\left(\frac{\partial f}{\partial \boldsymbol{A}}\right),\operatorname{vec}\left(\frac{\partial f}{\partial \boldsymbol{B}}\right),\cdots,\operatorname{vec}\left(\frac{\partial f}{\partial \boldsymbol{E}}\right)\right]^{\mathrm{T}} \tag{2-104}$$

使用 Hestenes-Stiefel 的非线性共轭梯度（nonlinear conjugate gradient，NCG）和 More-Thuente 线性搜索来优化因子矩阵。算法 2.18 中给出了 CTF-OPT 算法的情况。

算法 2.18　Joint optimization based coupled tensor factorizations

Input: Two 3rd-order tensors $\mathcal{X}\in\mathbb{R}^{I\times J\times K}$ and $\mathcal{Y}\in\mathbb{R}^{I\times L\times M}$,
number of components R
initialize A,B,C,D,E
1. Calculate z via equation (2.41)
2. Calculate $\boldsymbol{f}$ via equation (2.40)
3. Calculate $\boldsymbol{g}$ via equation (2.43)
4. while not converged do
 Update $\boldsymbol{z},\boldsymbol{f},\boldsymbol{g}$ by using NCG and line search
 until fit ceases to improve or maximum iterations exhausted
Output: A,B,C,D,E

2.4　本章小结

张量是张量学习的数学理论基础和矩阵分析对多路阵列数据的推广，本章就此简单地讨论张量代数的基础理论与方法。首先，介绍了张量的定义及其表示方法；其次，讨论了张量的矩阵化和向量化，建立了张量与矩阵和向量的之间关系；最后，介绍了张量代数的基本运算，主要包括张量内积、外积、范数和模式积等。重点介绍了张量的 CP 分解（典范 / 平行因子分解）、Tucker 分解（高阶奇异值分解）和 Tensor-Train 分解及其对应的算法，同时也简要介绍了张量监督学习算法。

第 3 章　基于支持张量描述算法的感知数据异常检测

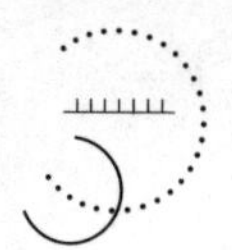

3.1　引言

随着传感器技术的快速发展和数据存储技术的不断进步，收集数据的规模正在以各种复杂形式出现爆炸式增长。无线传感器网络、视频监控系统和多媒体传感器网络产生了各种各样海量的传感器数据，这些数据具有高维复杂特性。通过分析生物数据、视频和图像等复杂高维的（统计学称之为多变量）数值数据，各种先进传感器（如视频传感器、生物传感器和图像传感器等）能检测到某些特性。例如，交通传感器网络检测包括交通的速度和流量的各种属性。由于每个传感器节点不仅具有空间特性，而且产生与时间相关的大量测量数据，即传感器节点具有时空特性，因此，高维数据的传感器数据是一种感知大数据，而在这样的高维感知大数据中，检测离群点是一个具有挑战性的问题。

张量（多维数组）是现实世界中多元关系和多面特性的一种数据表示，包含着多元关联性和多面结构特征。如果将张量数据向量化，这种原始数据的结构信息或关联性就会遭到破坏[30]，可能产生“维数灾难”（curse of dimensionality）问题，在样本数量较小时导致过拟合问题[10]，可能导致一些异常（离群点）无法被检测到[31]，而且原始张量数据保持数据模式的高阶关联性。研究原始张量数据可以获得更好的精度和可解释性，把高阶张量数据转换成向量将破坏这种高阶关联性[32]。例如，在无线多媒体传感器网络收集的视频数据中，张量数据结构能保持视频的水平帧、垂直帧和时间之间的模式关系。基于张量的异常检测方法能识别关于这三个模式的异常视频目标，但是，在基于向量的异常检测方法中，每一帧都被表示为向量，丢失时间模式。如果独立分析每帧向量数据，极小的噪声可能将帧视为异常。因此，有必要保持张量的多路数据结构和设计应用于原始张量数据而不是将其向量化的异常检测算法。张量数据学习的主要问题是建立保持数据结构的模型。

在实际应用中，异常的发生是偶然事件，所以记录足够的异常数据样本非常困难或根本不可能，如故障诊断中的故障特征或疾病诊断中的非健康数据。如果用于异常检测的分离器得不到足够的知识学习，就会经常导致分类精度不高、检测误差较大。但是我们能获取大量正常数据，因此可运用单类分类器（one-class classification，OCC），其中支持向量数据描述（support vector data description，SVDD）[33，34] 是一种广泛应用的单类分类器，其基本思想是构建一个超球体，使其尽可能地包含全部或绝大多数的正常数据点，同时最小化超球体的体积。在超球体内的数据点被认为是正常点，而在超球体外面的数据点为异常点。SVDD 在检测阶段不需要任何有关检测目标的先验知识。但是到目前为止，SVDD 及其变异算法[35–39] 都是针对向量数据，而无法直接处理张量数据。针对这种情况，本书首次将 SVDD 从向量空间拓展到张量空间，提出了支持张量数据描述（support tensor data description，STDD）和核支持张量数据描述（kernel support tensor data description，KSTDD），该方法能直接处理张量数据。

3.2　支持张量数据描述

假设 $\{\mathcal{X}_i\},\ i=1,2,\cdots,M$ 是训练样本集，其中 $\mathcal{X}_i \in \Re^{I_1\times I_2\times\cdots\times I_N}$ 为一个 N 阶张量，是张量空间的一个数据点。支持张量数据描述 STDD 求解一个中心为 $\mathcal{A}$ 半径为 R 最小体积的超球面，它包含全部或者绝大多数的数据点。与 SVDD 方法相似，构建的最优化问题：

$$\begin{cases}\min\left(R^2+C\sum_i \xi_i\right)\\ \text{s.t.}\ \ \|\mathcal{X}_i-\mathcal{A}\|_F^2 \leqslant R^2+\xi_i \\ \xi_i \geqslant 0\end{cases} \tag{3-1}$$

其中 $\mathcal{A}$ 和 R 分别为超球面的中心与半径，$C>0$ 称为惩罚参数，用于调和超

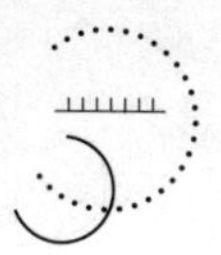

球面的体积和被拒绝的目标数据点数量，ξ_i 为松弛变量。

为求解支持张量数据描述的最优化问题式（3–1），需要将它视为最初的优化问题，应用拉格朗日对偶性，通过求解对偶问题（dual problem）获得原问题的最优解，其优势有两点：一是对偶问题容易求解；二是可以引入核函数，从而解决非线性分类问题。

首先，需要构建拉格朗日函数（Lagrange function），为此，对每个不等式约束引入拉格朗日乘子（Lagrange multiplier）$\alpha_i \geqslant 0$，β_i，$i=1,2,\cdots,N$。定义拉格朗日函数：

$$\begin{aligned} L(R,\ \mathcal{A},\ \xi_i,\ \alpha_i,\ \beta_i) = R^2 + C\sum_i \xi_i - \sum_i \beta_i \xi_i - \\ \sum_i \alpha_i \left\{ R^2 + \xi_i - \left(\|\mathcal{X}_i\|_F^2 - 2\langle \mathcal{X}_i,\ \mathcal{A} \rangle + \|\mathcal{A}\|_F^2 \right) \right\} \end{aligned} \tag{3-2}$$

式中，$\boldsymbol{\alpha}=(\alpha_1,\cdots,\alpha_N)^{\mathrm{T}}$; $\boldsymbol{\beta}=(\beta_1,\cdots,\beta_N)^{\mathrm{T}}$ 为拉格朗日乘子向量。

根据拉格朗日对偶性，原始问题的对偶问题是极大极小问题：

$$\max_{\boldsymbol{\alpha},\ \boldsymbol{\beta}} \left[\min_{R,\ \mathcal{A},\ \xi_i} L(R,\ \mathcal{A},\ \xi_i,\ \alpha_i,\ \beta_i) \right]$$

所以，为了得到对偶问题的解，需先求 $L(R,\ \mathcal{A},\ \xi_i,\ \alpha_i,\ \beta_i)$ 对 R，$\mathcal{A}$，ξ_i 的极小，再求对 $L(R,\ \mathcal{A},\ \xi_i,\ \alpha_i,\ \beta_i)$ 对 $\boldsymbol{\alpha}$，$\boldsymbol{\beta}$ 的极大。

（1）求 $\min L(R,\ \mathcal{A},\ \xi_i,\ \alpha_i,\ \beta_i)$。将拉格朗日函数 $L(R,\ \mathcal{A},\ \xi_i,\ \alpha_i,\ \beta_i)$ 分别对 R，$\mathcal{A}$，ξ_i 求偏导数并令其等于 0：

$$\nabla_R L = 2R - \sum_i 2\alpha_i R = 0$$

$$\nabla_{\mathcal{A}} L = -\sum_i \alpha_i \mathcal{X}_i + \sum_i \alpha_i \mathcal{A} = 0$$

$$\partial L / \partial \xi_i = C - \alpha_i - \beta_i = 0$$

得

$$\sum_i \alpha_i = 1 \tag{3-3}$$

$$\mathcal{A} = \sum_i \alpha_i \mathcal{X}_i \tag{3-4}$$

$$\alpha_i = C - \beta_i \tag{3-5}$$

因为 $\alpha_i \geqslant 0$，$\beta \geqslant 0$，所以约束条件式（3–5）变换成式（3–6）：

$$0 \leqslant \alpha_i \leqslant C \tag{3-6}$$

将式（3–3）～式（3–5）代入式（3–2）：

$$\begin{aligned} L(R,\ \mathcal{A},\ \xi_i,\ \alpha_i,\ \beta_i) &= \sum_i \alpha_i \left(\|\mathcal{X}_i\|_F^2 - 2\langle \mathcal{A},\ \mathcal{X}_i \rangle + \|\mathcal{A}\|_F^2 \right) \\ &= \sum_i \alpha_i \|\mathcal{X}_i\|_F^2 - 2\langle \mathcal{A}, \sum_i \alpha_i \mathcal{X}_i \rangle + \|\mathcal{A}\|_F^2 \\ &= \sum_i \alpha_i \|\mathcal{X}_i\|_F^2 - \|\mathcal{A}\|_F^2 \\ &= \sum_i \alpha_i \|\mathcal{X}_i\|_F^2 - \langle \sum_i \alpha_i \mathcal{X}_i, \sum_i \alpha_i \mathcal{X}_i \rangle \\ &= \sum_i \alpha_i \|\mathcal{X}_i\|_F^2 - \sum_{i,\ j} \alpha_i \alpha_j \langle \mathcal{X}_i, \mathcal{X}_j \rangle \end{aligned} \tag{3-7}$$

即：

$$\min_{R,\ \mathcal{A},\ \xi_i} L(R,\ \mathcal{A},\ \xi_i,\ \alpha_i,\ \beta_i) = \sum_i \alpha_i \|\mathcal{X}_i\|_F^2 - \sum_{i,\ j} \alpha_i \alpha_j \langle \mathcal{X}_i,\ \mathcal{X}_j \rangle$$

（2）求 $\min\limits_{R,\ \mathcal{A},\ \xi_i} L(R,\ \mathcal{A},\ \xi_i,\ \alpha_i,\ \beta_i)$ 对 α 的极大，即对偶问题。

$$\begin{cases} \max\limits_{\alpha} \left(\sum\limits_i \alpha_i \|\mathcal{X}_i\|_F^2 - \sum\limits_{i,\ j} \alpha_i \alpha_j \langle \mathcal{X}_i,\ \mathcal{X}_j \rangle \right) \\ \text{s.t.}\ \ \sum\limits_i \alpha_i = 1 \\ \quad 0 \leqslant \alpha_i \leqslant C \end{cases} \tag{3-8}$$

通过式（3–8）求解出 α_i 的值。

$\alpha_i = 0$ 的数据点 $\mathcal{X}_i$ 在超球面内部；$0 < \alpha_i < C$ 的数据点称为支持张量；$\alpha_i = C$ 的数据点在超球面的外面，称为异常点或离群点。

$$\|\mathcal{X}_i - \mathcal{A}\|_F^2 < R^2 \rightarrow \alpha_i = 0,\ \beta_i = 0$$
$$\|\mathcal{X}_i - \mathcal{A}\|_F^2 = R^2 \rightarrow 0 < \alpha_i < C,\ \beta_i = 0$$
$$\|\mathcal{X}_i - \mathcal{A}\|_F^2 > R^2 \rightarrow \alpha_i = C,\ \beta_i > 0$$

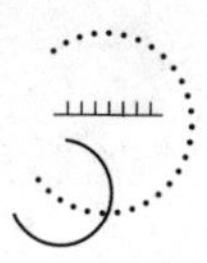

超球面的中心和半径分别是：

$$\mathcal{A}=\sum_i \alpha_i \mathcal{X}_i$$

$$R^2=\langle \mathcal{X}_k,\ \mathcal{X}_k\rangle-2\sum \alpha_i \langle \mathcal{X}_i,\ \mathcal{X}_k\rangle+\sum_{i,\ j}\alpha_i\alpha_j \langle \mathcal{X}_i,\ \mathcal{X}_j\rangle$$

其中 X_k 是任何一个支撑张量，$\alpha_k < C$。

如果新目标数据 $\mathcal{X}_{\text{new}}$ 到中心 A 的距离小于或等于半径 R^2 时，认为它是正常数据，否则是异常数据。

$$\|\mathcal{X}_{\text{new}}-\mathcal{A}\|_F^2=\|\mathcal{X}_{\text{new}}\|_F^2-2\sum \alpha_i \langle \mathcal{X}_i,\ \mathcal{X}_{\text{new}}\rangle+\sum_{i,\ j}\alpha_i\alpha_j \langle \mathcal{X}_i,\ \mathcal{X}_j\rangle \leqslant R^2$$

3.3　核支持张量数据描述

由于式（3-8）的对偶问题是用内积形式表达的，可以采用满足 Mercer 定理的核函数代替内积，于是能建立基于张量数据的核优化模型。设 ϕ 为将一个数据集（输入空间）变换到希尔伯特空间（Hilbert space）的映射，如果给定一个张量 $\mathcal{X}\in\Re^{I_1\times I_2\times\cdots\times I_N}$，那么其映射为：

$$\phi\!: \mathcal{X}\to\phi(\mathcal{X})\in\Re^{H_1\times H_2\times\cdots\times H_Q} \tag{3-9}$$

核支持张量数据描述可以被形式化如下：

$$\begin{cases}\min\left(R^2+C\sum_i \xi_i\right)\\ \text{s.t.}\|\phi(\mathcal{X}_i)-\mathcal{A}\|_F^2\leqslant R^2+\xi_i\end{cases} \tag{3-10}$$

其拉格朗日的对偶问题如下：

$$\begin{cases}\max\left(\sum_i \alpha_i \langle\phi(\mathcal{X}_i),\ \phi(\mathcal{X}_i)\rangle-\sum_{i,\ j}\alpha_i\alpha_j\langle\phi(\mathcal{X}_i),\ \phi(\mathcal{X}_j)\rangle\right)\\ \text{s.t.}\quad \sum_i \alpha_i=1\\ \qquad 0\leqslant\alpha_i\leqslant C\end{cases} \tag{3-11}$$

从式（3–11）可以看出，张量核学习变成了张量核函数，核方法成功与否取决于编码在核函数中的数据表示方式。

张量为多路数据提供了自然而高效的数据表示方法，这种多路数据包含着重要的结构信息，因此，张量核学习应该保证这种结构特征不被破坏而导致结构信息丢失。张量的 CP 分解能保持张量积特征空间的结构信息，每个张量被表示成原始空间（输入空间）的秩 –1 张量之和，并将其映射到张量核学习的张量积特征空间 [25]。

张量 $\mathcal{X}\in\Re^{I_1\times I_2\times\cdots\times I_N}$ 的 CP 分解为 $\mathcal{X}=\sum_{r=1}^{R}\prod_{n=1}^{N}\circ x_r^{(n)}$ ，当张量的秩 $R=1$ 时，特征空间的映射：

$$\phi\text{:}\prod_{n=1}^{N}\circ x^{(n)}\rightarrow\prod_{n=1}^{N}\circ\phi\left[x^{(n)}\right]\in\Re^{H_1\times H_2\times\cdots\times H_N}\tag{3–12}$$

即

$$\phi\text{:}\ x^{(n)}\rightarrow\phi\left[x^{(n)}\right]\in\Re^{H_1\times H_2\times\cdots\times H_N}\tag{3–13}$$

若 $\mathcal{X}_i$，$\mathcal{X}_j\in\Re^{I_1\times I_2\times\cdots\times I_N}$ 的 CP 分解分别为 $\mathcal{X}_i=\sum_{r=1}^{R}\prod_{n=1}^{N}\circ x_{ir}^{(n)}$ ， $\mathcal{X}_j=\sum_{r=1}^{R}\prod_{n=1}^{N}\circ x_{jr}^{(n)}$ ，因此，X_i 和 X_j 内积定义为：

$$\begin{aligned}\left\langle\mathcal{X}_i,\ \mathcal{X}_j\right\rangle&\approx\left\langle\sum_{r=1}^{R}x_{ir}^{(1)}\circ x_{ir}^{(2)}\circ\cdots\circ x_{ir}^{(N)},\sum_{r=1}^{R}x_{jr}^{(1)}\circ x_{jr}^{(2)}\circ\cdots\circ x_{jr}^{(N)}\right\rangle\\&=\sum_{p=1}^{R}\sum_{q=1}^{R}\left\langle x_{ip}^{(1)},\ x_{jq}^{(1)}\right\rangle\left\langle x_{ip}^{(2)},\ x_{jq}^{(2)}\right\rangle\cdots\left\langle x_{ip}^{(N)},\ x_{jq}^{(N)}\right\rangle\\&=\sum_{p=1}^{R}\sum_{q=1}^{R}\prod_{n=1}^{N}\left\langle x_{ip}^{(n)},\ x_{jq}^{(n)}\right\rangle\end{aligned}\tag{3–14}$$

当秩 R=1，基于上面映射和式（3–13），得到如下的张量核：

$$\phi\text{:}\sum_{r=1}^{R}\prod_{n=1}^{N}\circ x_r^{(n)}\rightarrow\sum_{r=1}^{R}\prod_{n=1}^{N}\circ\phi\left(x_r^{(n)}\right)\tag{3–15}$$

这样就将张量数据映射到特征空间并进行分解，特征空间的核函数就是张量数据的标准内积 [8]。

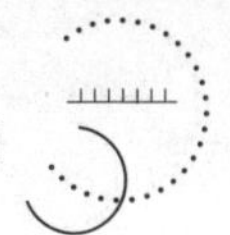

$$K\left(\sum_{r=1}^{R}\prod_{n=1}^{N}\circ x_r^{(n)},\sum_{r=1}^{R}\prod_{n=1}^{N}\circ y_r^{(n)}\right)=\sum_{i=1}^{R}\sum_{j=1}^{R}\prod_{n=1}^{N}K\left(x_i^{(n)},\ y_j^{(n)}\right) \tag{3-16}$$

如果采用高斯 RBF（Gasssian RBF）核函数，那么上面等式可以被形式化为：

$$K\left(\mathcal{X},\ \mathcal{Y}\right)=\sum_{i=1}^{R}\sum_{j=1}^{R}\exp\left(-\sigma\sum_{n=1}^{N}\left\|x_i^{(n)}-y_j^{(n)}\right\|_F^2\right) \tag{3-17}$$

在构造张量核的过程中，投影不是张量到特征空间的直接映射，而是张量 CP 分解生成的向量的映射。因为这些向量与原始张量相关，它们可以被视为原始张量的向量因子。不难确保张量核可以保持关于张量的更多结构信息，如图 3-1 所示。

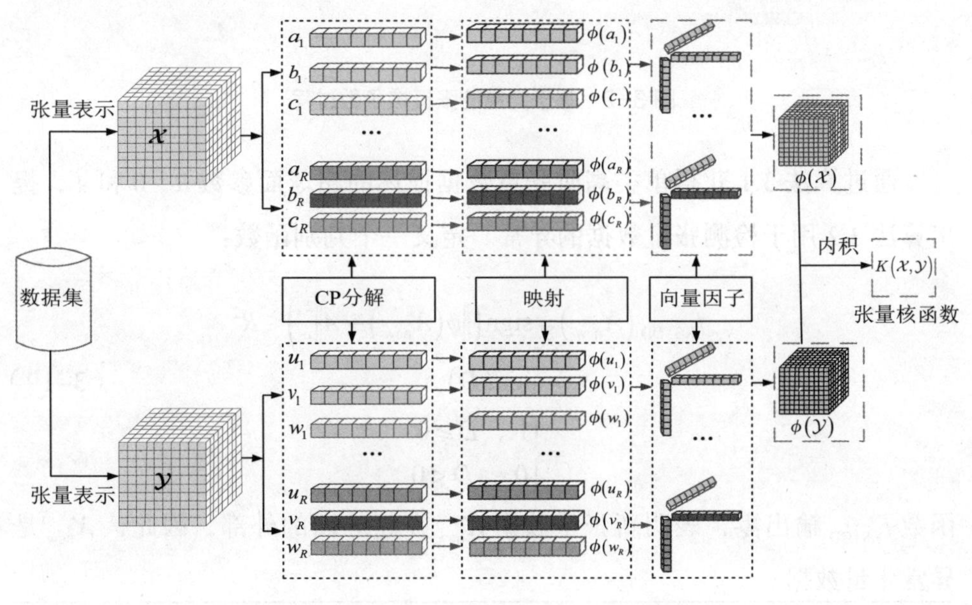

图 3-1　结构张量核的重构与计算过程

注意，在文献 [28] 中讨论了的内核 SVDD，但是它的内核函数与式（3-17）是不同的。如果张量数据用于 SVDD，它的内核函数如式（3-18）所示：

$$K\left(\mathcal{X},\ \mathcal{Y}\right)=\exp\left(-\frac{\left\|\mathrm{vec}\left(\mathcal{X}\right)-\mathrm{vec}\left(\mathcal{Y}\right)\right\|^2}{2\sigma^2}\right) \tag{3-18}$$

图 3-2 显示了 SVDD 的标准内核函数工作在张量数据上。但是基于矢量的表示可能导致结构信息的丢失。随后的实验证实，KSTDD 性能要优于内核 SVDD。

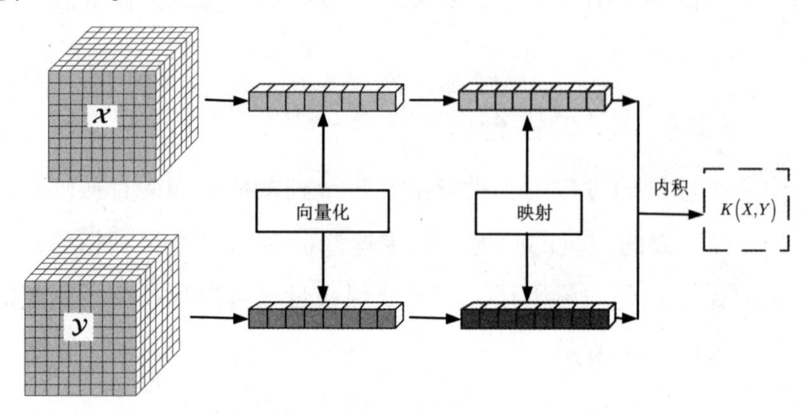

图 3-2　基于向量的张量核函数过程

通过算法 3.1 获得单类高阶张量数据描述的超球面参数 $R>0$ 和 A，提出算法 3.2 用于检测张量数据的异常。定义一个判别函数：

$$\begin{aligned} f_{\mathrm{KSTDD}}(\mathcal{X}_{\mathrm{new}}) &= \operatorname{sign}\left(\left\|\phi(\mathcal{X}_{\mathrm{new}})-A\right\|_F^2\right) \leqslant R^2 \\ &= \operatorname{sign}(D) \\ &= \begin{cases} 1\,, & D \geqslant 0 \\ 0\,, & D<0 \end{cases} \end{aligned} \tag{3-19}$$

函数 f_{KSTDD} 输出零，表明新张量数据 $\mathcal{X}_{\mathrm{new}}$ 在超球面的外部，因此，$\mathcal{X}_{\mathrm{new}}$ 是异常张量数据。

算法 3.1　KSTDD

输入：训练集 $\{\mathcal{X}_i\}$，$i=1,2,\cdots,M$，

输出：优化参数 α，A 和 R

1. 选取合适的核函数 $K(\mathcal{X}_i,\ \mathcal{X}_j)$ 与适当的参数 C。通过优化获得 α

$$\begin{cases} \max\left(\sum_i \alpha_i \langle\phi(\mathcal{X}_i),\ \phi(\mathcal{X}_i)\rangle - \sum_{i,\,j}\alpha_i\alpha_j\langle\phi(\mathcal{X}_i),\ \phi(\mathcal{X}_j)\rangle\right) \\ \text{s.t.}\quad \sum_i \alpha_i = 1 \\ \qquad 0\leqslant \alpha_i \leqslant C \end{cases}$$

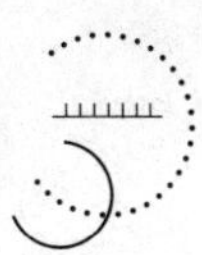

2. 计算 $\mathcal{A}$和R

$$\begin{cases}\mathcal{A}=\sum_i \alpha_i \mathcal{X}_i \\ R^2=\langle \mathcal{X}_k,\ \mathcal{X}_k \rangle - 2\sum \alpha_i \langle \mathcal{X}_i,\ \mathcal{X}_k \rangle + \sum_{i,\ j} \alpha_i \alpha_j \langle \mathcal{X}_i,\ \mathcal{X}_j \rangle\end{cases}$$

3. 返回 $R>0$ 和 $\mathcal{A}$

算法 3.2　张量数据异常检测

输入：张量数据集 $\{\mathcal{Y}_i\}$，$i=1,2,\cdots,\ M$，$Y_i \in \Re^{I_1 \times I_2 \cdots \times I_N}$

输出：输出异常

1. 计算 $\mathcal{Y}_i : f_{\text{KSTDD}}(\mathcal{Y}_i)$

2.if $f_{\text{KSTDD}}(\mathcal{Y}_i)==1$

　正常数据

　else

　异常数据

3. 返回异常

3.4　实验及分析

张量可以表示传感数据的结构信息、相关性和特性，因此，由传感器网络收集的感知数据可以表示为张量（感知张量数据）。本章提出的算法用于感知张量数据进行异常检测性能测试。

3.4.1　基本方法

为评估 KSTDD 异常检测性能，从训练时间、测试时间和精度方面与如下算法进行比较：

（1）S-SVDD 算法[33，34]：支持向量数据描述（SVDD）是在支持向量机基础上针对单类数据的经典数据描述算法，将该算法称为标准支持向量数据描述（standard support vector data description，S-SVDD）。

（2）R-SVDD 算法[35]：该方法通过在 SVDD 中的每一点引入惩罚权重，改进了传统的 SVDD 方法，并用于异常值检测。

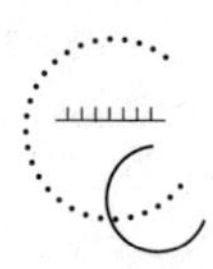

3.4.2 数据集

Montes 传感器数据集（Montes sensor dataset）：由布署在 intel berkeley research lab 54 个传感器采集的 4 种类型数据构成的数据集[78]，数据类型包括温度（temperature）、湿度（humidity）、光照强度（light intensity）和传感器电池电压（sensor battery voltage）。由于 Montes 传感器数据集比较大，因此，选取其中 10 000 条记录构成一个三阶感知张量数据集，即时间 × 位置 × 测量值。

flight delay（FD）数据集：该数据集是数据 expo09 集（航空公司准时绩效竞赛）的一部分[72]，包括 2008 年美国境内所有商业航班的航班到达和起飞延迟数据。

occupancy detection（OD）数据集[73]：构建（时间 × 样本数 × 测量值，time × sample × measure）三阶张量数据集。

air quality（AQ）数据集[74]：包含 9 358 个实例，由布署在重要污染区的嵌入在空气质量化学传感器设备中一组 5 个传感器采集的数据。选取其中 5 000 个数据构成（时间 × 样本数 × 特征，time × samples × features）的三阶感知张量数据集。数据集的详细信息如表 3-1 所示。

表3-1　实验数据集的详细信息

数据集	大小	样本数
Montes	50 × 27 × 4	1 000
OD	50 × 20 × 4	1 120
FD	40 × 20 × 10	1 130
AQ	20 × 50 × 7	1 100

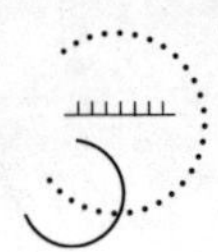

3.4.3 实验参数设置

所有的数据集正则化到 [0，1]，混合 5% 的异常目标，数据集的 70% 作为训练集，剩余的 30% 作为测试集。最优惩罚参数和最优核宽度参数分别从 $C\in\left\{2^{-9},2^{-8},2^{-7},\cdots,2^{8},2^{9}\right\}$，$\sigma\in\left\{2^{-7},2^{-6},\cdots,,2^{7},2^{7}\right\}$ 中获取。到目前为止，张量的秩没有解析解 [76]，而且它是一个公开问题 [77]，因此，我们用格搜索（grid search）方法来确定最优秩，其中秩 $R\in\left\{1,2,3,4,5,6,7,8\right\}$。通过实验给出了参数秩 R 对算法异常检测性能的影响。所有的实验都在 Intel（R）Celeron（R）CPU G1820 @ 2.70GHz、4GB RAM Windows 7 的机器上运行。

3.4.4 评估方法

使用“受试者工作特征”（receiver operating characteristic，ROC）曲线和相应的 AUC（area under ROC curve）能评测算法的精度。如果一个学习算法的 ROC 曲线全部包围另外一个学习算法的曲线，这样我们能得出前者的学习性能要比后者好；如两个算法的 ROC 曲线发生交叉，则难以一般性断言二者孰优孰劣，此时，则较为合理是比较 ROC 曲线下面的面积，即 AUC。测试时间与训练时间都是在 Intel（R）Celeron（R）CPU G1820 @ 2.70GHz、4GB RAM Windows 7 的机器上运行得到的结果，AUC 值、训练时间和测试时间是 10 次的平均值。

3.4.5 异常检测性能评估

表 3-2 显示三种算法在四个数据集上的平均结果和性能，时间只包含模型的训练时间和测试时间，不包括数据预处理数据，如张量数据的矢量化时间和分解时间。从表 3-2 中实验结果我们可以看出，在不同的数据集

上，每种算法的训练时间、测试时间、测试精度各不相同，但是，无论从训练时间、测试时间还是测试精度看，性能最好的算法是 KSTDD。这是因为 S–SVDD 和 R–SVDD 方法需要将感知张量数据展开成向量数据，即张量数据向量化，破坏了数据的内部结构和数据间关联关系，产生了高维数据，使得一些异常数据无法被检测到，导致精度下降。

表3–2　KSTDD算法与向量算法异常检测的比较

数据集	S–SVDD			R–SVDD			KSTDD		
	AUC	训练时间	测试时间	*AUC*	训练时间	测试时间	*AUC*	训练时间	测试时间
Montes	0.822	711.619	40.716 3	0.842	752.586 1	43.512 3	0.942	12.023 4	4.062 3
OD	0.712	705.688	31.243 6	0.725	764.213 6	39.586 9	0.904	10.314 6	3.048 1
FD	0.872	762.391	54.732 6	0.918	781.521 4	61.946 3	0.954	7.413 6	4.925 4
AQ	0.789	730.097	49.475 2	0.865	771.814 2	57.782 1	0.916	8.735 4	3.561 0
平均值	0.799	727.449	44.041 9	0.838	767.533 8	50.706 9	0.929	9.621 8	3.899 2

3.4.6　参数敏感性评估

虽然 CP 分解的秩 R 的最优值可以通过网格搜索得到，但是理解 KSTDD 对秩 R 的敏感性非常重要。图 3–3 表明参数秩 R 对测试精度有着重要的影响。优化值 R 的范围大约在 [3，8]。总之，参数敏感性实验表明，KSTDD 异常检测性能依赖于参数 R。目前很难求解到一个 R 的最优值，但是，在多数情况下，R 的优化值在一个很小范围内，使用网格搜索方法并不需要消耗多长时间，就能找到这个优化值。

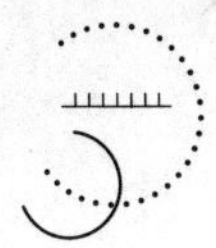

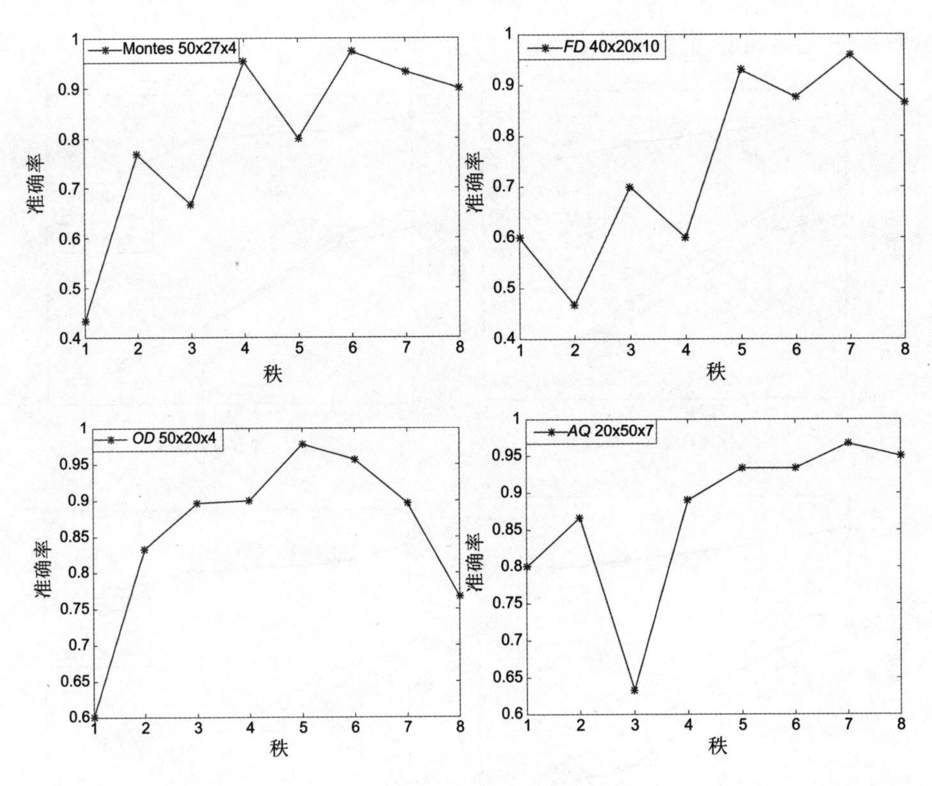

图3-3　基于CP秩变化的测试精度

3.4.7　异常数量对精度的影响

在数据集*FD*中增加异常的比例为5%、10%、15%、20%时，测试S-SVDD、R-SVDD和KSTDD算法的异常检测准确率。图3-4表明增加数据集中异常比例时学习算法测试准确率的变化情况。随着数据集中异常比例的增加，KSTDD方法的异常检测准确率变化不大，而在数据集的异常比例为10%时，S-SVDD和F-SVDD的准确率急剧变小。这是由于S-SVDD和R-SVDD不能直接处理张量数据，需将张量数据展开成向量，破坏了数据内部结构和数据关系，导致更多的异常张量无法被检测到。因此，当数据集中的异常比例增加时，S-SVDD和R-SVDD很难从正常张

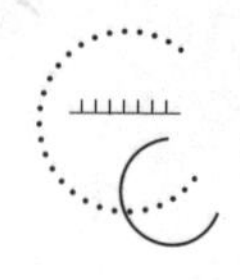

量数据中把异常张量数据检测出来。

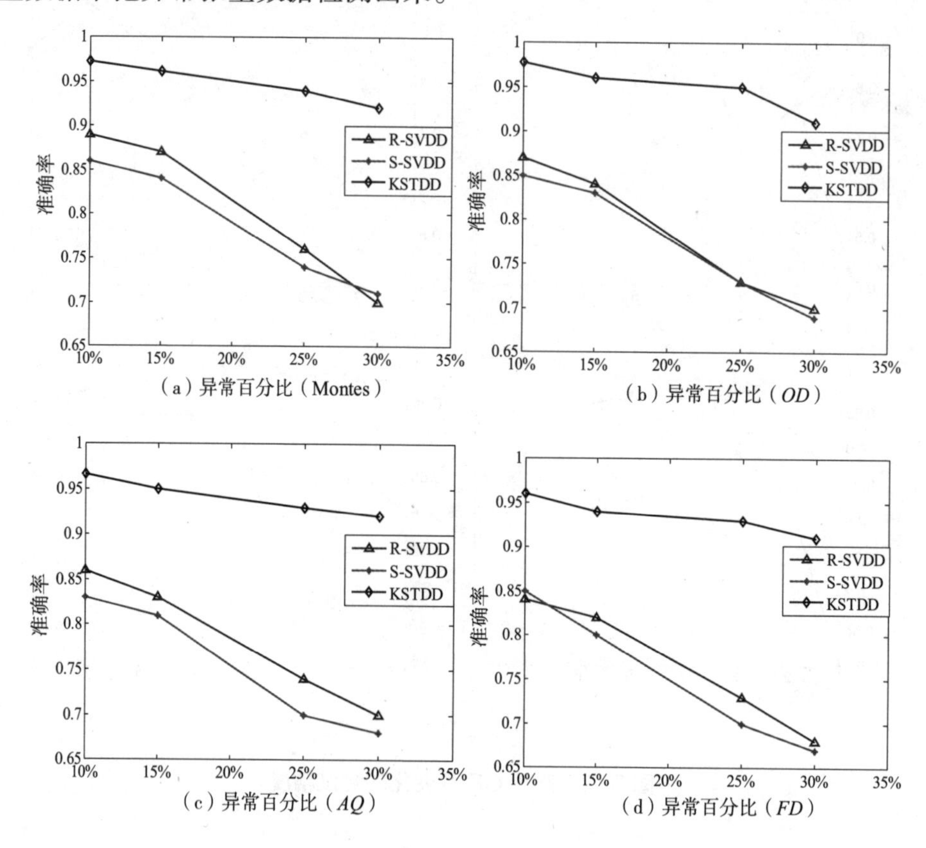

（a）异常百分比（Montes）（b）异常百分比（*OD*）

（c）异常百分比（*AQ*）（d）异常百分比（*FD*）

图 3-4　异常百分比的变化对算法性能的影响

3.4.8　维数对测试精度的影响

为了比较研究张量维度对 R-SVDD、S-SVDD 和 KSTDD 异常检测性能的影响，改变张量数据集 Montes 和 *OD* 的维度，对三个算法进行测试，实验结果如图 3-5 所示。从图 3-5 中可以看出，R-SVDD 和 S-SVDD 的异常检测精度随张量维度的变化而不断降低，而 KSTDD 算法的异常检测精度变化不大。R-SVDD 和 S-SVDD 检测精度下降的主要原因是基于向量的算法不能直接处理感知张量数据，需要将感知张量数据转换为高维的

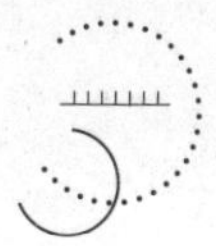

向量数据才能处理，导致“维数灾难”问题和小样本问题，而 KSTDD 不存在此问题。

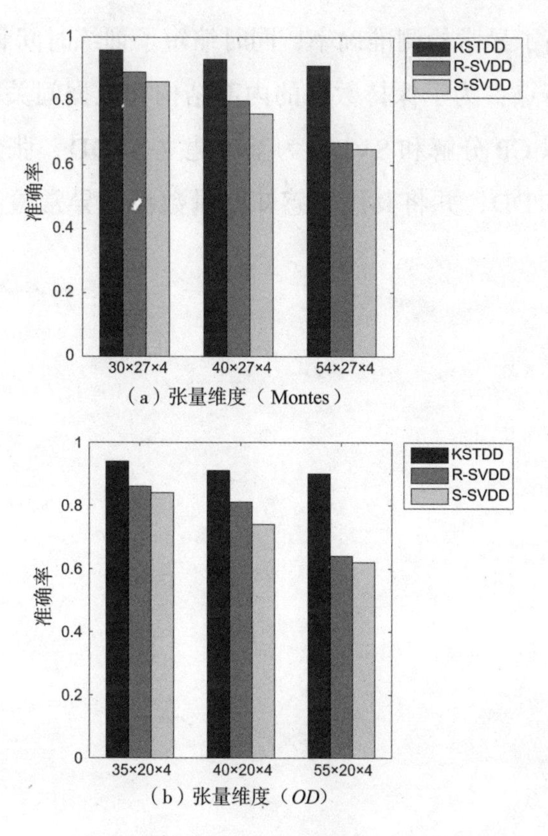

（a）张量维度（Montes）

（b）张量维度（*OD*）

图 3-5　张量维度对检测精度的影响

3.5　本章小结

在本章中，我们提出了面向感知张量数据异常检测的支持张量描述，该方法是将支持向量描述扩展到张量空间，即支持高阶张量描述。它能直接处理张量数据，不需要将张量数据展开成向量数据，从而保持原始数据的内部结构和数据间关联关系，避免“维数灾难”问题。通过张量的 CP

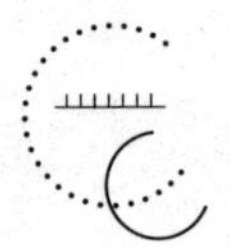

分解和内积，求解出支持张量描述的核函数，即核支持张量数据描述，并设计了用于张量数据异常检测的算法。实验分析表明，与传统的异常检测方法相比，提高了异常检测准确率，同时缩短了训练时间和测试时间。

主要的创新点：为了保持数据的内部结构和数据间关联，避免“维数灾难”问题，以 CP 分解和 SVDD 为基础建立 STDD；张量核函数取代张量内积构建 KSTDD，并将其用于感知张量数据的异常检测，算法性能得到了提升。

第 4 章　基于张量 Tucker 学习机的传感器大数据异常检测

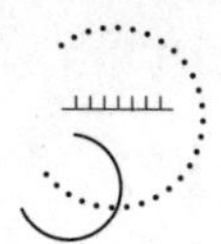

4.1　引言

物联网（internet of things，IOT）由大量具有感知、通信、计算甚至控制其环境能力的设备组成，这些设备正日益成为诸如电力或移动网络等复杂、动态和分布式网络的一部分。物联网中的各种传感器实时监控和捕获环境的各方面特性，如相量测量传感器可以同步实时捕捉电力系统中的瞬态动态（transient dynamics）和时变干扰。

张量（多维数组）是描述线性和多线性关系的代数，这为高维大规模数据以及异构数据结构提供自然而紧凑的表示，而且张量表示保留了真实世界数据的原始结构。这种数学框架能有效提高高维物联网大数据异常检测的效率，因此，可以用张量对这类复杂数据进行建模，并解决高维大规模机器学习问题。总之，张量为异构数据和原始数据结构提供了一种自然而紧凑的表示，并且避免了在向量空间中发现的一些问题。

离群点（也称为异常）是与其他数据显著不同的数据点，异常检测目标是识别少量偏离正常数据的实例。检测离群点是一项重要的任务，在许多诸如过程控制、环境监测和医疗诊断等领域有非常重要的应用价值。例如，化工异常检测，由于化工设备通常处于高温高压或低温真空的极端环境，极有可能会受到损坏，甚至有爆炸、毒气泄漏的危险。一旦发生事故不仅造成巨大的经济损失，还会造成大量人员伤亡。因此，需要通过分析各种传感器数据来尽早检测设备损伤，从而进一步防止设备损伤，这意味着需要一种有效的离群点检测方法来监控整个复杂化工过程，并通过挖掘收集到的数据来及时检测海量传感器数据的离群点。因此，高效的异常检测技术是复杂化工系统安全可靠的保障。人们已经提出了一些异常检测方法[40-42]，但是这些异常检测技术都是基于向量的学习算法。对于张量数据来说，这类方法会导致维数灾难问题和无法检测到一些异常点[31]，而

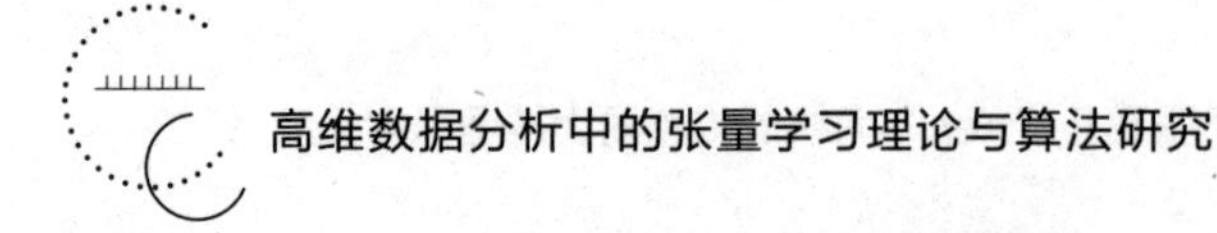

张量表示能保持数据的高阶相关性和数据结构。因此，需要保留张量数据结构，设计一种能够应用于原始张量数据而不是矢量化数据的离群点检测算法。

由于张量表示的优点，近年来研究者将许多基于向量的机器学习算法从向量空间扩展到张量空间[16, 43]。但是，大部分的研究工作都集中在基于 CANDECOMP/PARAFAC（CP）分解的张量学习模型来研究张量数据。张量 CP 分解最主要的问题是张量的秩目前没有解析解，其秩求解仍然是一个难题，如果秩一张量太多，则所包含的信息可能存在噪声和冗余；如果秩一张量太少，则表示是不完整的。因此，张量 CP 分解难以有效地应用张量的每阶判别空间信息。另一种经典的张量分解是 Tucker 分解，其一个优势是利用 Tucker 分解可以得到更精确的张量分解结果，而 CP 分解需要求出逼近初始张量的秩；另一个优势是可以通过调整核心张量的维数来减小张量的维数。为解决对物联网中大数据异常检测的问题，将 Tucker 分解引入一类支持向量机，提出了无监督张量 Tucker 学习机（one-class support tucker machine，OCSTuM）。

4.2 张量 Tucker 学习机

在这一部分中，我们提出了基于张量 Tucker 分解的 OCSTuM 学习算法，并给出了求解的详细优化方法。

4.2.1 单类支持向量机

单类支持向量机是一种无监督学习算法，对于异常检测来说，需要学习一个决策函数：将新数据分成与训练集相似或不同的数据。给定一个向量数据集 $X=\left\{x_i \middle| x_i \in \Re^d,\ i=1,2,\cdots,\ N\right\}$，单类支持向量机的优化问题定义

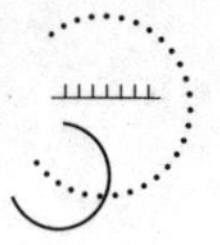

为式（4–1）：

$$\begin{cases}\min \frac{1}{2} w^2 - \rho + \frac{1}{vN}\sum_{i=1}^{N}\xi_i \\ \text{s.t.} \rho - w^{\mathrm{T}} x_i - \xi_i \leqslant 0,\ \ \xi_i \geqslant 0,\ \ i = 1,2,\cdots,\ N\end{cases} \tag{4-1}$$

其中，$v \in (0,1]$ 是一个正则化参数，它控制离群值数和数据集中支持向量数，ξ_i 是一个松弛变量，OCSVM 的决策函数可以写成式（4–2）：

$$f(x) = \text{sign}(w^{\mathrm{T}} x - \rho) \tag{4-2}$$

对于一个测试样本 x，如果 $f(x) = 1$，则被看作正常点，否则是异常点。

4.2.2　张量 Tucker 学习机

假设张量数据集 $\{\mathcal{X}_i\}$，$i = 1,2,\cdots,M$ 是一个训练样本集，其中 $\mathcal{X}_i \in \Re^{I_1 \times I_2 \times \cdots \times I_N}$ 是 N 阶张量和张量空间的点。基于 OCSVM，提出了张量 Tucker 学习机，它类似于 OCSVM，需要根据式（4–3）求解单类分类器的多线性决策函数：

$$g(\mathcal{X}) = \text{sign}(\langle \mathcal{X},\ \mathcal{W}\rangle + b) \tag{4-3}$$

为了检测离群点，我们需要找到将数据与原点分离的超平面。在多数数据点出现的区域中，多线性决策函数返回 +1；否则，它返回 –1。为了分离数据集，需要求解优化问题：

$$\begin{cases}\min\limits_{\mathrm{W},\ b,\ \xi} \frac{1}{2}\|\mathcal{W}\|_F^2 - \rho + \frac{1}{vM}\sum_{i=1}^{M}\xi_i \\ \text{s.t.} (\mathcal{W},\ \mathcal{X}_i) \geqslant \rho - \xi_i,\ \ \xi_i \geqslant 0\end{cases} \tag{4-4}$$

注意，在张量 Tucker 分解后，公式（4–4）中的目标函数对于张量参数 W 的所有元素不是联合凸，运用迭代方法求解。在每次迭代时，只求解张量参数 $\mathcal{W}$ 的模式 n 的参数（$W_{(n)}$），同时保持其他参数不变。张量 Tucker 分解和其矩阵化形式如下：

$$\mathcal{W} = \mathcal{G} \times_1 U^{(1)} \times_2 U^{(2)} \cdots \times_N U^{(N)} = [\mathcal{G}; U^{(1)},\ U^{(2)}, \cdots, U^{(N)}]$$

$$W_{(n)}=U^{(n)}G_{(n)}\left(U^{(N)}\otimes\cdots\otimes U^{(n+1)}\otimes U^{(n-1)}\otimes\cdots\otimes U^{(1)}\right)^{\mathrm{T}},$$

$$W_{(n)}=U^{(n)}G_{(n)}\left(U^{(N)}\otimes\cdots\otimes U^{(n+1)}\otimes U^{(n-1)}\otimes\cdots\otimes U^{(1)}\right)^{\mathrm{T}}=U^{(n)}G_{(n)}\overline{U}^{\mathrm{T}}$$

为了求解 $U^{(n)}$，张量 $\mathcal{W}$, $\mathcal{G}$ 和 $\mathcal{X}_i$ 矩阵化的形式分别是 $W_{(n)}$ ，$G_{(n)}$ 和 $X_{(n)}$ ，式（4–4）模式 n 的矩阵表示为

$$\begin{cases}\min\limits_{W_{(n)},\ \rho,\ \xi}\dfrac{1}{2}tr\left[W_{(n)}W_{(n)}^{\mathrm{T}}\right]+\dfrac{1}{vM}\sum\limits_{i=1}^{M}\xi_i-\rho\\ \text{s.t. }\operatorname{tr}\left(W_{(n)}X_{i(n)}^{\mathrm{T}}\right)\geqslant\rho-\xi_i,\ \ \xi_i\geqslant 0,1\leqslant i\leqslant M\end{cases}\tag{4–5}$$

将 $W_{(n)}$ 的表达式代入式（4–5），固定 $U_{(m)}|_{m=1,m\neq n}^{M}$ 和 $G_{(n)}$ ，得到式（4–6）优化形式：

$$\begin{cases}\min\limits_{U^{(n)},\ \rho,\ \xi}\dfrac{1}{2}tr\left[\left(U^{(n)}G_{(n)}\overline{U}^{\mathrm{T}}\right)\left(\overline{U}G_{(n)}^{\mathrm{T}}U^{(n)\mathrm{T}}\right)\right]+\dfrac{1}{vM}\sum\limits_{i=1}^{M}\xi_i-\rho\\ \text{s.t.}\operatorname{tr}\left[U^{(n)}G_{(n)}\overline{U}^{\mathrm{T}}\left(X\right)_{i(n)}^{\mathrm{T}}\right]\geqslant\rho-\xi_i,\ \ \xi_i\geqslant 0,1\leqslant i\leqslant M\end{cases}\tag{4–6}$$

为了求出公式（4–6）的解 $U^{(n)}$ ，使用经典的OCSVM方法，为此，重新求解公式（4–6）优化问题。设 $B^{(n)}=\overline{U}G^{(n)}=\overline{U}G_{(n)}^{\mathrm{T}}$ ，则 $B^{(n)\mathrm{T}}=\left(B^{(n)}\right)^{\mathrm{T}}=\left(\overline{U}G^{(n)}\right)^{\mathrm{T}}=\left(G_{(n)}\overline{U}^{\mathrm{T}}\right)$，于是有

$$\begin{aligned}&\frac{1}{2}\operatorname{tr}\left[\left(U^{(n)}G_{(n)}\overline{U}^{\mathrm{T}}\right)\left(\overline{U}G_{(n)}^{\mathrm{T}}U^{(n)\mathrm{T}}\right)\right]+\frac{1}{vM}\sum_{i=1}^{M}\xi_i-\rho\\&=\frac{1}{2}\operatorname{tr}\left[U^{(n)}B^{(n)}B^{(n)\mathrm{T}}U^{(n)\mathrm{T}}\right]+\frac{1}{vM}\sum_{i=1}^{M}\xi_i-\rho\end{aligned}\tag{4–7}$$

$$tr\left[\left(U^{(n)}G_{(n)}\right)X_{i(n)}^{\mathrm{T}}\overline{U}^{\mathrm{T}}\right]=tr\left[\left(U^{(n)}B^{(n)}\right)X_{i(n)}^{\mathrm{T}}\right]\tag{4–8}$$

因此，式（4–6）的优化问题可以写为：

$$\begin{cases}\min\limits_{U^{(n)},\ \rho,\ \xi}\dfrac{1}{2}tr\left[U^{(n)}B^{(n)}B^{(n)\mathrm{T}}U^{(n)\mathrm{T}}\right]+\dfrac{1}{vM}\sum\limits_{i=1}^{M}\xi_i-\rho\\ \text{s.t.}\operatorname{tr}\left[\left(U(n)\ B^{(n)}\right)X_{i(n)}^{\mathrm{T}}\right]\geqslant\rho-\xi_i,\ \ \xi_i\geqslant 0,1\leqslant i\leqslant M\end{cases}\tag{4–9}$$

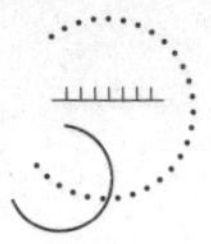

定义 $\boldsymbol{H}=B^{(n)}B^{(n)\mathrm{T}}$，$\boldsymbol{H}$ 为正定矩阵。设 $\tilde{U}^{(n)}=U^{(n)}\boldsymbol{H}^{1/2}$，则有

$$\tilde{U}^{(n)\mathrm{T}}=\left(\tilde{U}^{(n)}\right)^{\mathrm{T}}=\left(U^{(n)}\boldsymbol{H}^{1/2}\right)^{\mathrm{T}}=\left(\boldsymbol{H}^{1/2}\right)^{\mathrm{T}}U^{(n)\mathrm{T}}$$

$$\mathrm{tr}\left(U^{(n)}B^{(n)}B^{(n)\mathrm{T}}U^{(n)\mathrm{T}}\right)=\mathrm{tr}\left(U^{(n)}\boldsymbol{H}U^{(n)\mathrm{T}}\right)=\mathrm{vec}\left(\tilde{U}^{(n)}\right)^{\mathrm{T}}\mathrm{vec}\left(\tilde{U}^{(n)}\right) \tag{4-10}$$

设 $\tilde{X}_{i(n)}=X_{i(n)}B^{(n)}\boldsymbol{H}^{-1/2}$，则有

$$\tilde{U}^{(n)}\tilde{X}_{i(n)}^{\mathrm{T}}=\tilde{U}^{(n)}\left(\boldsymbol{H}^{-1/2}\right)^{\mathrm{T}}B^{(n)\mathrm{T}}X_{i(n)}^{\mathrm{T}}=U^{(n)}\boldsymbol{H}^{1/2}\left(\boldsymbol{H}^{-1/2}\right)^{\mathrm{T}}B^{(n)\mathrm{T}}X_{(n)}^{\mathrm{T}}=\left(U^{(n)}B^{(n)\mathrm{T}}\right)X_{i(n)}^{\mathrm{T}}$$

从而有：

$$\mathrm{tr}\left[\left(U^{(n)}B^{(n)\mathrm{T}}\right)X_{i(n)}^{\mathrm{T}}\right]=\mathrm{tr}\left(\tilde{U}^{(n)}\tilde{X}_{i(n)}^{\mathrm{T}}\right)=\mathrm{vec}\left(\tilde{U}^{(n)}\right)^{\mathrm{T}}\mathrm{vec}\left(\tilde{X}_{i(n)}\right) \tag{4-11}$$

从而将公式（4–9）优化问题转换为

$$\begin{cases}\min\limits_{U^{(n)},\ \rho,\ \xi}\dfrac{1}{2}\mathrm{vec}\left(\tilde{U}^{(n)}\right)^{\mathrm{T}}\mathrm{vec}\left(\tilde{U}^{(n)}\right)+\dfrac{1}{\nu M}\sum\limits_{i=1}^{M}\xi_i-\rho \\ \mathrm{s.t.}\,\mathrm{vec}\left(\tilde{U}^{(n)}\right)^{\mathrm{T}}\mathrm{vec}\left(\tilde{X}_{i(n)}\right)\geqslant\rho-\xi_i,\ \ \xi_i\geqslant 0,1\leqslant i\leqslant M\end{cases}\Rightarrow$$

$$\begin{cases}\min\limits_{\boldsymbol{u}_n,\ \rho,\ \xi}\dfrac{1}{2}\boldsymbol{u}_n^2+\dfrac{1}{\nu M}\sum\limits_{i=1}^{M}\xi_i-\rho \\ \mathrm{s.t.}\quad \boldsymbol{u}_n^{\mathrm{T}}\bar{\boldsymbol{x}}_{i(n)}\geqslant\rho-\xi_i,\ \ \xi_i\geqslant 0,1\leqslant i\leqslant M\end{cases} \tag{4-12}$$

式中，$\boldsymbol{u}_n=\mathrm{vec}\left(\tilde{U}^{(n)}\right)$；$\bar{\boldsymbol{x}}_{i(n)}=\mathrm{vec}\left(\tilde{X}_{i(n)}\right)$。因此，式（4–6）中关于第 n 阶优化问题就转换为式（4–12）中关于 $\boldsymbol{u}_n$ 的经典的 OCSVM 问题，应用标准 OCSVM 实现求解式（4–12）中 $\boldsymbol{u}_n$，进而可以得到 $U^{(n)}$ 。

式（4–6）中关于 $U^{(n)}$ 的优化问题也可以用 Lagrange 方法求解，如式(4–13)：

$$\begin{aligned}L^{(n)}\left(U^{(n)},\ \rho,\ \xi\right)=&\frac{1}{2}\mathrm{tr}\left[U^{(n)}B^{(n)}B^{(n)\mathrm{T}}U^{(n)\mathrm{T}}\right]+\frac{1}{\nu M}\sum_{i=1}^{M}\xi_i-\rho+\\&\sum_{i=1}^{M}\alpha_i^n\left\{\rho-\xi_i-tr\left[\left(U^{(n)}B^{(n)\mathrm{T}}\right)X_{i(n)}^{\mathrm{T}}\right]\right\}-\sum_{i=1}^{M}\beta_i^n\xi_i\end{aligned} \tag{4-13}$$

其中 $\alpha_i^n\geqslant 0,\ \beta_i^n\geqslant 0$ 为拉格朗日乘子。求解关于 $U^{(n)},\ \rho,\xi_i$ 的 $L^{(n)}$ 偏导数：

$$\frac{\partial L^{(n)}}{\partial U^{(n)}}=0\Rightarrow U^{(n)}=\left(\sum_{i=1}^{M}\alpha_i^n X_{i(n)}B^{(n)\mathrm{T}}\right)\left(B^{(n)}B^{(n)\mathrm{T}}\right)^{-1} \tag{4-14}$$

$$\frac{\partial L^{(n)}}{\partial \rho}=0\Rightarrow \sum_{i=1}^{M}\alpha_i^n=1 \tag{4-15}$$

$$\frac{\partial L^{(n)}}{\partial \xi_i}=0\Rightarrow \frac{1}{vM}-\alpha_i^n-\beta_i^n=0 \tag{4-16}$$

拉格朗日乘子$\left\{\alpha_1^n,\ \alpha_2^n,\cdots,\ \alpha_M^n\right\}$通过求解得到式（4–17）：

$$\begin{cases}\min\frac{1}{2}\sum_{i=1}^{M}\sum_{j=1}^{M}\alpha_i^n\alpha_j^n\ \mathrm{tr}\left[B^{(n)\mathrm{T}}B^{(n)}B^{(n)\mathrm{T}}B^{(n)}X_{i(n)}^{\mathrm{T}}X_{i(n)}\right]\\ \mathrm{s.t.}\sum_{i=1}^{M}\alpha_i^n=1,\ 0\leqslant\alpha_i^n\leqslant\frac{1}{vI_N}\end{cases} \tag{4-17}$$

进而通过求解公式（4–17）的对偶问题得到拉格朗日乘子$\left\{\alpha_1^n,\ \alpha_2^n,\cdots,\alpha_M^n\right\}$，对每个模式不断迭代可以求出$\left\{U^{(1)},\ U^{(2)},\cdots,U^{(M)}\right\}$，具体算法见算法 4.1。

算法 4.1 OCSTuM
输入：训练数据集$\{\mathcal{W}_i\}$, $i=1,2,\cdots,M$. $\mathcal{X}_i\in\Re^{I_1\times I_2\times\cdots\times I_N}$ 核心张量维度$R_1,\ R_2,\cdots,R_N$ **输出**：参数$\mathcal{W}$和 ρ 1. 设置 $t=0$; 2. 随机将初始化$\mathcal{W}=\left[\left(\mathcal{G}_t;U_t^{(1)},\ U_t^{(2)},\cdots,\ U_t^{(N)}\right)\right]$和$\rho_t$； 3. repeat 4. t=t+1; 5. for n=1 to N do 6. 根据$W_{(n)}=U^{(n)}G_{(n)}\left(U^{(N)}\otimes\cdots\otimes U^{(n+1)}\otimes U^{(n-1)}\otimes\cdots\otimes U^{(1)}\right)^{\mathrm{T}}=U^{(n)}G_{(n)}\overline{U}^{\mathrm{T}}$计算$\overline{U}_t$； 7. 通过$B^{(n)}=\overline{U}G_{(n)}^{\mathrm{T}}$, $H=B^{(n)}B^{(n)\mathrm{T}}$计算$H_t$ 8. 用$\tilde{X}_{i(n)}=X_{i(n)}B^{(n)}H^{-1/2}$计算$\tilde{X}_{i(n)}^t$ 9. 通过单类支持向量机计算$\tilde{U}_t^{(n)}$ 和 ρ_t 10. 根据等式 (4.12) 计算$U_t^{(n)}$ 11. endfor 12. 用$U_{\otimes}=U^{(N)}\otimes U^{(N-1)}\otimes\cdots\otimes U^{(1)}$ 计算$U_{\otimes}^t$ 13. 根据 $S=U_{\otimes}^{\mathrm{T}}U_{\otimes}$计算$S_t$ 14. 用$\overline{\boldsymbol{x}}_{i(n)}=vec\left(X_{i(n)}\right)U_{\otimes}S^{-1/2}$计算$\overline{X}_{i(n)}^t$ 15. 通过$\boldsymbol{v}=vec\left(G_{(1)}\right)S^{1/2}$计算$\boldsymbol{v}_t$

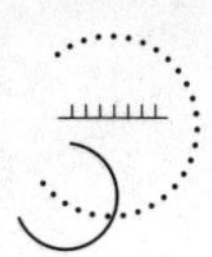

16. 根据式（4–20）计算 $\mathcal{G}_t$
17. 完成计算 $U^{(j)}$ 和 $G_{(j)}$.
18. 返回 $\mathcal{W}$ 和 ρ .

在求解出 $\left\{U^{(1)},\ U^{(2)},\cdots,U^{(M)}\right\}$ 后，需求解核心张量 $\mathcal{G}$。由于核心张量可以沿任意阶展开，因此，有 $vec\left(W_{(1)}\right)=U_{\otimes}vec\left(G_{(1)}\right)$。公式（4–4）可以转换为

$$\begin{cases} \min\limits_{G_{(1)},\ \rho,\ \xi} \dfrac{1}{2}\left[U_{\otimes}\operatorname{vec}\left(G_{(1)}\right)\right]^{\mathrm{T}}\left[U_{\otimes}\operatorname{vec}\left(G_{(1)}\right)\right]+\dfrac{1}{vM}\sum\limits_{i=1}^{M}\xi_i-\rho \\ \text{s.t.}\left[U_{\otimes}\operatorname{vec}\left(G_{(1)}\right)\right]^{\mathrm{T}}\left[\operatorname{vec}\left(\tilde{X}_{i(n)}\right)\right]\geqslant\rho-\xi_i,\ \ \xi_i\geqslant 0,1\leqslant i\leqslant M \end{cases} \tag{4–18}$$

由于 $\left[U_{\otimes}\operatorname{vec}\left(G_{(1)}\right)\right]^{\mathrm{T}}=\operatorname{vec}\left(G_{(1)}\right)^{\mathrm{T}}U_{\otimes}^{\mathrm{T}}$，于是公式（4–18）的最小问题转换为

$$\begin{cases} \min\limits_{G_{(1)},\ \xi} \dfrac{1}{2}\operatorname{vec}\left(G_{(1)}\right)^{\mathrm{T}}U_{\otimes}^{\mathrm{T}}\left[U_{\otimes}\operatorname{vec}\left(G_{(1)}\right)\right]+\dfrac{1}{vM}\sum\limits_{i=1}^{M}\xi_i-\rho \\ \text{s.t.}\ \ \operatorname{vec}\left(G_{(1)}\right)^{\mathrm{T}}U_{\otimes}^{\mathrm{T}}\left[\operatorname{vec}\left(X_{i(n)}\right)\right]\geqslant\rho-\xi_i,\ \ \xi_i\geqslant 0,1\leqslant i\leqslant M \end{cases} \tag{4–19}$$

定义 $S=\ U_{\otimes}^{\mathrm{T}}U_{\otimes}$，$\boldsymbol{v}=\operatorname{vec}\left(G_{(1)}\right)S^{1/2}$，$\overline{\boldsymbol{x}}_{i(n)}=\operatorname{vec}\left(X_{i(n)}\right)U_{\otimes}S^{-1/2}$，则式（4–19）转换为

$$\begin{cases} \min\limits_{\boldsymbol{v},\ \rho,\ \xi} \dfrac{1}{2}\boldsymbol{v}^2+\dfrac{1}{vM}\sum\limits_{i=1}^{M}\xi_i-\rho \\ \text{s.t.}\ \ \boldsymbol{v}^{\mathrm{T}}\overline{\boldsymbol{x}}_{i(n)}\geqslant\rho-\xi_i,\ \ \xi_i\geqslant 0,1\leqslant i\leqslant M \end{cases} \tag{4–20}$$

式（4–20）就是一个标准 OCSVM 问题。算法 4.1 中对 OCSTuM 的上述变换做了简要总结。

通过算法 4.1 求解出参数集 $\{\mathcal{W},\ \rho\}$，OCSTuM 的决策函数为

$$f\left(\mathcal{X}_i\right)=\operatorname{sign}\left(\mathcal{W},\ \mathcal{X}_i-\rho\right) \tag{4–21}$$

对于一个测试样本 $\mathcal{X}_i$，如果 $f\left(\mathcal{X}_i\right)=-1$，则这个样本就被认为是一个

异常点。算法 4.2 为异常检测算法。

算法 4.2　异常检测

输入：数据集 $t\{\mathcal{W}_i\}$, $i=1,2,\cdots,M$. $\mathcal{X}_i \in \Re^{I_1\times I_2\times\cdots\times I_N}$. 参数集$\{\mathcal{W},\ \rho\}$
输出：输出异常
1. for i=M do
2. 计算$f(\mathcal{X}_i)=\mathrm{sign}(\mathcal{W},\ \mathcal{X}_i-\rho)$
3. if $f(\mathcal{X}_i)==-1$
4. 异常
5. else
6. 正常
7. endfor
8. 返回异常

4.3　基于遗传算法的 Tucker 学习机

遗传算法（GA）是一种自适应概率随机迭代搜索算法，广泛应用于求解支持向量机和线性支持高阶张量机的模型参数选择等组合优化问题。在本节中，GA 用于选择张量数据的特征子集，并同时搜索最优模型参数。GA-OCSTuM 包括染色体编码、适应度函数、选择算子、交叉算子和变异算子。

染色体设计：在 GA-OCSTuM 中，染色体编码由 N+1 二进制串编码组成，包括模型的参数和张量的 N 个模态的二进制特征掩码，利用二进制编码系统来表示染色体。图 4-1 显示了所设计的二进制染色体表示，其中 P_v 表示惩罚参数值，该值由惩罚参数 v 的范围决定，g_{F_1}—g_{F_N} 表示张量数据的 N 个模态的特征掩模。

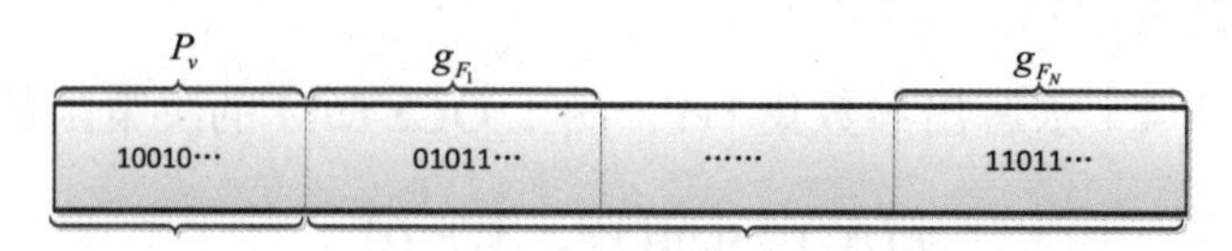

图 4-1　GA-OCSTuM 染色体编码

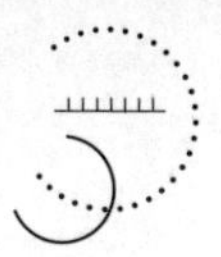

适应度函数：在 GA-OCSTuM 中，利用离群点检测精度和选择特征的数量来构造适应度函数。一般来说，分类器的精度越高，特征子集的维数越小，染色体的适应值越大。较大的适应度值意味着染色体有更高的概率存活到下一代。

选择算子：选择算子采用最优保存策略和轮盘赌策略。交叉算子：对于 GA-OCSTuM，交叉算子通过在当前种群中独立地交叉父代的 K 对来产生中间种群。变异算子：在 GA-OCSTuM 中，我们根据染色体各段的变异概率进行均匀的变异操作。GA-OCSTuM 体系结构，如图 4-2 所示。

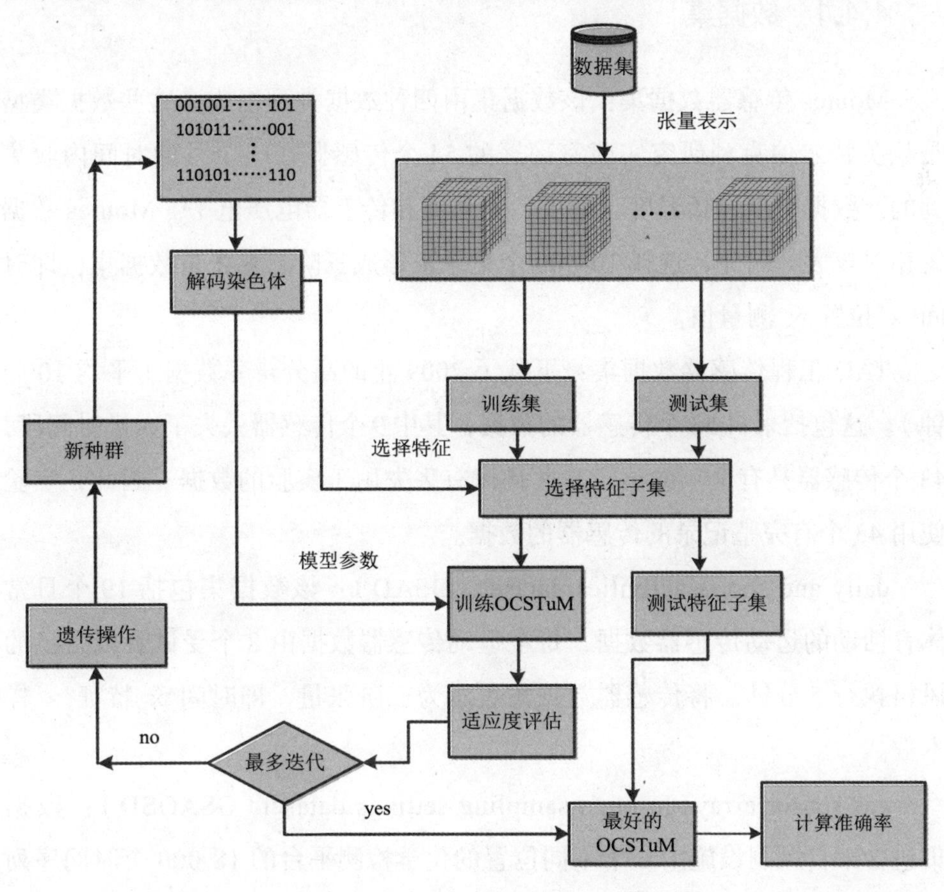

图 4-2　GA-OCSTuM 体系结构

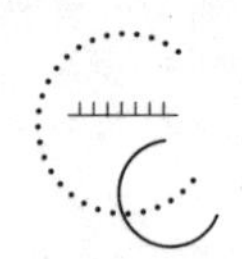

4.4 实验研究

在本部分中，将 OCSTuM 和 GA-OCSTuM 应用于实际问题的离群点检测对算法进行评估。张量可以表示传感器数据的结构信息、相关性和特性，因此，将传感器网络收集的传感器数据表示为三阶张量。

4.4.1 数据集

Montes 传感器数据集：该数据集由四种数据类型组成，这些数据类型是从英特尔伯克利研究实验室部署的 54 个传感器在一个月的时间内收集到的。数据类型包括温度、湿度、光强度和传感器电压电平。Montes 数据集相对较大，因此，选择 10 000 个记录来形成三阶感测张量数据集，即时间 × 位置 × 测量值。

TAO 工程传感器数据集：下载了 2009 年的高分辨率数据（平均 10 分钟）。这包括来自 53 个传感器的数据，其中 9 个传感器丢失了大量时间段，43 个传感器具有全年的记录，并且没有丢失用于实验的数据。因此，实验使用 43 个有完整记录的传感器的数据。

daily and sports activities dataset（DSAD）：该数据集包括 19 个日常体育活动的运动传感器数据，每个运动传感器数据由 8 个受试者以自己的风格执行 5 分钟。将传感器数据集表示为三阶张量，即时间 × 特征 × 样本数。

gas sensor arrays in open sampling settings dataset（GSAOSD）：数据集包含来自风洞设施中 6 个不同位置的化学检测平台的 18 000 个时间序列记录，以响应 10 种高优先级化学气体物质。这些记录被用来形成一个三阶感测张量数据集，即时间 × 特征 × 样本数。

university of south florida gait（USFG）数据集：该步态数据集包括两

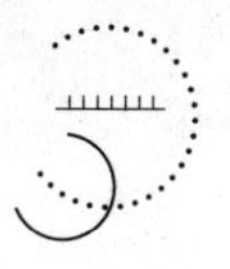

个步态识别数据集，分别具有 32 个和 64 个特征：USFG32 和 USFG64。关于这些数据集的其他详细情况如表 4-1 所示。

表4-1　实验数据集的详细信息

数据集	大小	样本数
Montes	$50 \times 27 \times 4$	1 000
TAO	$50 \times 20 \times 4$	1 100
DSAD	$40 \times 20 \times 10$	1 200
GSAOSD	$20 \times 50 \times 7$	1 000
USFG32	$32 \times 20 \times 10$	800
USFG64	$64 \times 40 \times 20$	800

4.4.2　实验参数设置

每个数据集中的所有对象都被缩放为 [0，1]。在每个实验中，随机选择 80% 的对象的记录进行训练，其余的作为测试集使用。原始数据不包含任何异常值，因此，将数据集注入了 5% 的异常对象到测试集。这些异常对象使用 U（0，1）随机产生。

对于所有的方法，利用网格搜索的 10 倍交叉验证来调整参数。在 OCSTM、OCSVM、SVDD 和 R-SVDD 实验中使用了高斯径向基函数核。内核宽度 σ 的变化范围为 2^{-7} 到 2^{7}，而参数 C 的范围为 2^{-9} 到 2^{9}，参数 $\boldsymbol{v}=\{0.1,0.2,0.3,\cdots,0.8,0.9\}$。到目前为止，张量的秩没有解析解，确定张量的秩仍然是一个开放的问题。因此，我们使用搜索网格法来确定 OCSTM 的最优秩，秩 $R \in \{1,2,3,\cdots,5,6,7,8\}$。

4.4.3　异常检测性能评估

为了评价 OCSTuM 和 GA-OCSTuM 的离群点检测性能，对 6 个数据集计算了 40 个随机分割的平均值和标准方差。在比较算法结果的基础上，得出以下结论：

（1）对于所有的数据集，GA-OCSTuM 是最好的算法，这表明张量学习受益于 Tucker 因子分解。主要原因是 GA-OCSTuM 继承了 OCSVM、OCSVM 和 OCSTuM 的优点。

（2）张量的方法优于向量的方法。结果表明，张量表示能更好地利用数据的结构信息，而基于向量的方法只是简单地将张量数据转换为向量数据。因此，这可以导致高维数据，并且可以破坏数据信息的内部结构。此外，一些异常数据无法检测，降低了准确性。

随着训练样本数目的增加，所有算法产生较高的离群点检测精度。这与直觉一致，因为我们有更多的先验信息来训练。为了更详细地了解训练样本的百分比与异常值检测的最终精度之间的关系，我们在多个数据集上对不同百分比的训练样本测试 SVDD、R-SVDD 、OCSVM、OCSTuM 和 GA-OCSTuM，实验结果如表 4-2 ～表 4-7 所示。基于张量机学习的分类器优于基于向量的分类器。

表4-2　Montes数据集上所有方法的离群点检测精度

训练集数量	算法					
	SVDD	R-SVDD	OCSVM	OCSTM	OCSTuM	GA-OCSTuM
300	0.60 ± 0.13	0.61 ± 0.23	0.60 ± 1.12	0.78 ± 0.18	0.83 ± 0.04	0.90 ± 0.63
350	0.66 ± 0.10	0.63 ± 0.21	0.63 ± 0.61	0.81 ± 0.02	0.84 ± 0.12	0.90 ± 0.54
400	0.71 ± 0.12	0.67 ± 0.12	0.67 ± 0.53	0.83 ± 0.15	0.85 ± 0.77	0.91 ± 0.10
450	0.72 ± 0.13	0.73 ± 0.15	0.70 ± 0.71	0.83 ± 0.04	0.87 ± 1.05	0.91 ± 0.02
500	0.75+1.31	0.75 ± 0.11	0.72 ± 0.68	0.85 ± 0.13	0.88 ± 0.22	0.92 ± 0.15

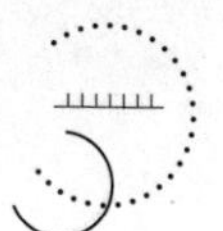

续表

训练集数量	算法					
	SVDD	R-SVDD	OCSVM	OCSTM	OCSTuM	GA-OCSTuM
550	0.76 ± 1.15	0.77 ± 1.12	0.74 ± 1.23	0.86 ± 0.11	0.89 ± 0.21	0.94 ± 0.23
600	0.78 ± 1.19	0.79 ± 1.22	0.77 ± 1.17	0.87 ± 0.26	0.90 ± 1.32	0.95 ± 0.11
650	0.80 ± 3.46	0.81 ± 0.10	0.80 ± 1.14	0.88 ± 2.15	0.91 ± 016	0.96 ± 0.83
700	0.82 ± 2.51	0.83 ± 0.17	0.81 ± 0.21	0.89 ± 1.36	0.92 ± 0.23	0.97 ± 0.34
750	0.83 ± 1.71	0.85 ± 0.12	0.83 ± 1.10	0.89 ± 0.16	0.93 ± 0.81	0.97 ± 0.12

表4-3　TAO数据集上所有方法的离群点检测精度

训练集数量	算法					
	SVDD	R-SVDD	OCSVM	OCSTM	OCSTuM	GA-OCSTuM
300	0.60 ± 0.13	0.63 ± 0.23	0.62 ± 1.12	0.75 ± 0.18	0.80 ± 1.09	0.90 ± 0.32
350	0.62 ± 0.18	0.65 ± 1.22	0.63 ± 1.18	0.79 ± 0.02	0.82 ± 1.19	0.90 ± 0.25
400	0.65 ± 0.24	0.67 ± 0.42	0.65 ± 1.47	0.81 ± 0.15	0.85 ± 1.15	0.91 ± 0.16
450	0.68 ± 0.83	0.73 ± 0.55	0.71 ± 1.36	0.82 ± 0.04	0.86 ± 1.01	0.92 ± 0.42
500	0.70 ± 0.17	0.76 ± 0.61	0.72 ± 1.20	0.83 ± 0.13	0.87 ± 1.51	0.93 ± 0.22
550	0.73 ± 0.34	0.77 ± 1.42	0.73 ± 1.12	0.84 ± 0.11	0.88 ± 1.21	0.94 ± 0.28
600	0.76 ± 0.67	0.78 ± 1.26	0.76 ± 1.16	0.87 ± 0.26	0.89 ± 1.15	0.94 ± 0.10
650	0.77 ± 0.88	0.80 ± 0.19	0.78 ± 1.17	0.88 ± 0.15	0.90 ± 1.18	0.95 ± 0.43
700	0.80 ± 0.34	0.82 ± 0.17	0.82 ± 1.14	0.89 ± 0.12	0.91 ± 1.15	0.96 ± 0.73
750	0.81 ± 0.10	0.84 ± 0.13	0.83 ± 1.11	0.91 ± 0.10	0.92 ± 1.21	0.96 ± 0.17

表4-4　USFG32数据集上所有方法的离群点检测精度

训练集数量	算法					
	SVDD	R-SVDD	OCSVM	OCSTM	OCSTuM	GA-OCSTuM
200	0.56 ± 1.48	0.60 ± 1.26	0.57 ± 1.04	0.70 ± 0.63	0.78 ± 1.64	0.91 ± 0.62
300	0.59 ± 1.43	0.62 ± 1.51	0.61 ± 1.41	0.77 ± 0.83	0.80 ± 1.06	0.91 ± 0.15
400	0.63 ± 1.24	0.67 ± 0.72	0.65 ± 1.86	0.78 ± 0.48	0.82 ± 1.69	0.92 ± 0.11
450	0.67 ± 0.96	0.71 ± 0.15	0.70 ± 1.69	0.81 ± 0.74	0.85 ± 1.01	0.93 ± 0.18
500	0.73 ± 1.32	0.75 ± 1.32	0.74 ± 1.02	0.84 ± 0.27	0.88 ± 0.75	0.94 ± 0.15
550	0.76 ± 0.34	0.79 ± 1.15	0.77 ± 1.49	0.87 ± 0.51	0.90 ± 0.31	0.95 ± 0.03
600	0.79 ± 0.10	0.81 ± 1.41	0.80 ± 1.73	0.88 ± 0.98	0.91 ± 0.26	0.96 ± 0.12

表4-5　USFG64 数据集上所有方法的离群点检测精度

训练集数量	算法					
	SVDD	R-SVDD	OCSVM	OCSTM	OCSTuM	GA-OCSTuM
200	0.57 ± 1.13	0.59 ± 1.43	0.58 ± 1.42	0.76 ± 0.18	0.83 ± 1.09	0.90 ± 0.41
300	0.58 ± 1.18	0.62 ± 1.28	0.61 ± 1.28	0.77 ± 0.02	0.86 ± 1.42	0.90 ± 0.12
400	0.66 ± 1.30	0.70 ± 1.53	0.67 ± 1.19	0.80 ± 0.15	0.88 ± 0.75	0.92 ± 0.11
450	0.70 ± 2.33	0.73 ± 1.24	0.72 ± 0.35	0.82 ± 0.04	0.90 ± 1.31	0.93 ± 0.14
500	0.75 ± 2.88	0.78 ± 1.19	0.76 ± 1.06	0.89 ± 0.61	0.91 ± 0.18	0.94 ± 0.23
550	0.78 ± 2.34	0.80 ± 1.28	0.79 ± 2.02	0.90 ± 0.36	0.92 ± 0.15	0.96 ± 0.66
600	0.80 ± 1.17	0.82 ± 1.17	0.81 ± 2.18	0.92 ± 0.53	0.93 ± 0.21	0.97 ± 0.11

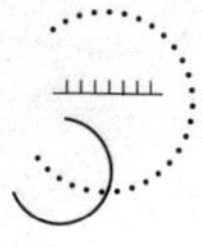

表4-6　DSAD数据集上所有方法的离群点检测精度

训练集数量	算法					
	SVDD	R-SVDD	OCSVM	OCSTM	OCSTuM	GA-OCSTuM
300	0.61 ± 1.51	0.62 ± 0.23	0.63 ± 1.28	0.76 ± 0.23	0.81 ± 0.28	0.91 ± 0.26
350	0.62 ± 1.15	0.64 ± 0.21	0.65 ± 1.01	0.78 ± 0.54	0.83 ± 0.19	0.92 ± 0.24
400	0.63 ± 1.09	0.67 ± 0.12	0.66 ± 1.22	0.82 ± 0.24	0.84 ± 1.15	0.93 ± 0.24
450	0.66 ± 1.08	0.70 ± 0.15	0.70 ± 1.28	0.83 ± 0.78	0.85 ± 0.13	0.93 ± 0.18
500	0.70 ± 1.28	0.73 ± 0.11	0.71 ± 1.15	0.85 ± 0.44	0.87 ± 0.52	0.94 ± 0.25
550	0.72 ± 1.35	0.76 ± 1.12	0.73 ± 1.30	0.86 ± 0.25	0.88 ± 0.49	0.94 ± 0.17
600	0.74 ± 1.63	0.77 ± 1.22	0.75 ± 1.42	0.88 ± 0.26	0.90 ± 0.36	0.95 ± 0.12
650	0.78 ± 0.88	0.80 ± 0.19	0.77 ± 1.28	0.90 ± 0.15	0.92 ± 0.47	0.96 ± 0.35
800	0.83 ± 1.16	0.84 ± 1.15	0.83 ± 1.04	0.92 ± 0.12	0.93 ± 0.75	0.97 ± 0.07
900	0.84 ± 1.24	0.85 ± 1.06	0.84 ± 1.06	0.93 ± 0.10	0.94 ± 0.28	0.98 ± 0.13

表4-7　GSAOSD数据集上所有方法的离群点检测精度

训练集数量	算法					
	SVDD	R-SVDD	OCSVM	OCSTM	OCSTuM	GA-OCSTuM
300	0.59 ± 1.21	0.61 ± 1.24	0.60 ± 1.04	0.70 ± 0.13	0.80 ± 0.27	0.90 ± 0.86
350	0.60 ± 1.19	0.63 ± 0.21	0.62 ± 1.14	0.75 ± 0.20	0.81 ± 0.16	0.90 ± 0.56
400	0.62 ± 1.04	0.66 ± 1.18	0.63 ± 1.06	0.79 ± 0.13	0.82 ± 1.15	0.91 ± 0.69

续表

训练集数量	算法					
	SVDD	R-SVDD	OCSVM	OCSTM	OCSTuM	GA-OCSTuM
450	0.64 ± 1.02	0.69 ± 0.15	0.70 ± 1.54	0.81 ± 0.28	0.83 ± 0.27	0.92 ± 1.00
500	0.71 ± 0.151	0.71 ± 0.11	0.72 ± 1.10	0.82 ± 0.22	0.88 ± 0.38	0.93 ± 0.97
550	0.73 ± 1.54	0.75 ± 1.04	0.74 ± 1.01	0.84 ± 0.41	0.89 ± 0.52	0.94 ± 0.14
600	0.75 ± 1.14	0.78 ± 1.18	0.76 ± 1.24	0.85 ± 0.13	0.90 ± 0.70	0.95 ± 0.50
650	0.78 ± 1.32	0.80 ± 0.64	0.79 ± 1.04	0.86 ± 0.24	0.91 ± 0.17	0.96 ± 0.22
700	0.79 ± 1.28	0.82 ± 0.43	0.81 ± 1.03	0.87 ± 0.18	0.92 ± 0.54	0.97 ± 0.18
750	0.80 ± 1.45	0.83 ± 0.34	0.82 ± 1.72	0.87 ± 0.15	0.93 ± 0.15	0.97 ± 0.11

4.4.4 通过异常数量对检测精度进行评估

在 Montes、TAO、USFG32、USFG64、DSAD 和 GSAOSD 数据集中注入 5%、10%、15% 和 20% 的异常数据，并在这些数据集上对算法进行了测试，其测试结果如图 4-3 所示。当数据集的离群值比增加时，基于张量的方法的离群值检测精度在所有数据集上都略有下降。当数据集的异常数据比例高于 10% 时，向量方法的准确率显著降低。这主要是因为基于向量方法的 SVDD、OCSVM 和 R-SVDD 不能直接处理张量数据。张量数据被转换成高维向量，因此这种方法会破坏数据结构和数据关系，导致无法检测到异常张量。SVDD、OCSVM 和 R-SVDD 易受异常值的影响，因此，当数据集的离群点百分比增加时，向量方法不能容易地区分异常张量数据和正常张量数据。

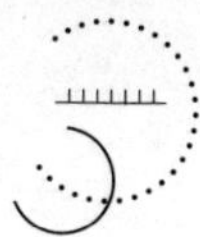
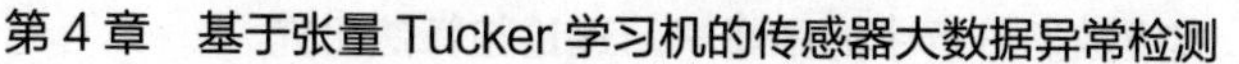

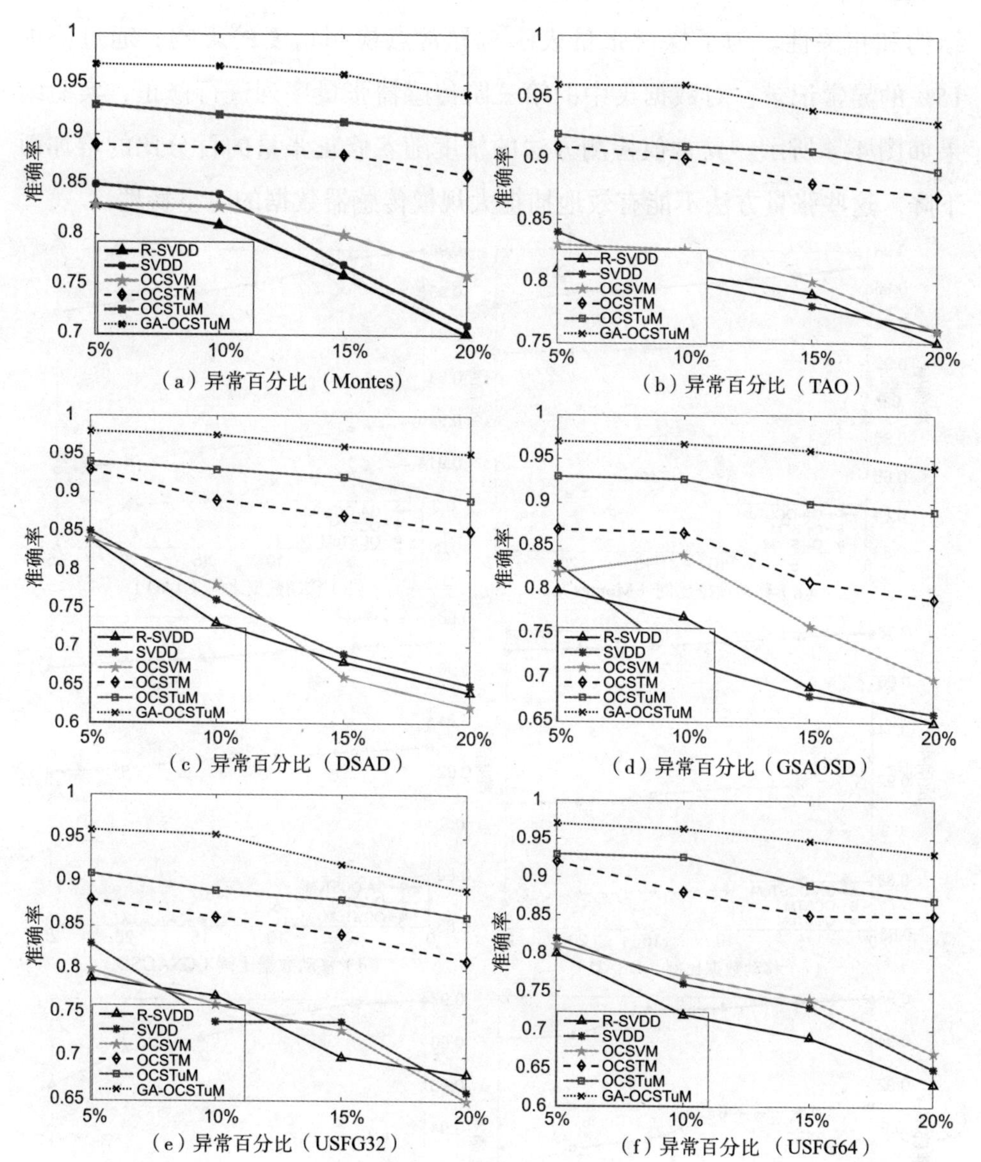

（a）异常百分比（Montes）　（b）异常百分比（TAO）

（c）异常百分比（DSAD）　（d）异常百分比（GSAOSD）

（e）异常百分比（USFG32）　（f）异常百分比（USFG64）

图 4-3　异常点数量对算法的影响

4.4.5　张量表示的影响

大规模传感器数据具有很强的时空相关性，张量可以维持这些数据的

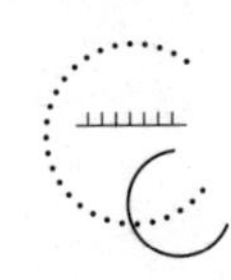

结构和相关性。为了探讨张量表示对异常点检测精度的影响，通过添加15% 的异常记录，对数据集中的第三阶传感器张量序列进行修正，实验结果如图 4-4 所示。异常值检测方法的精度随着修正张量的百分比的增加而下降。这些张量方法不能有效地捕捉大规模传感器数据的时空特性。

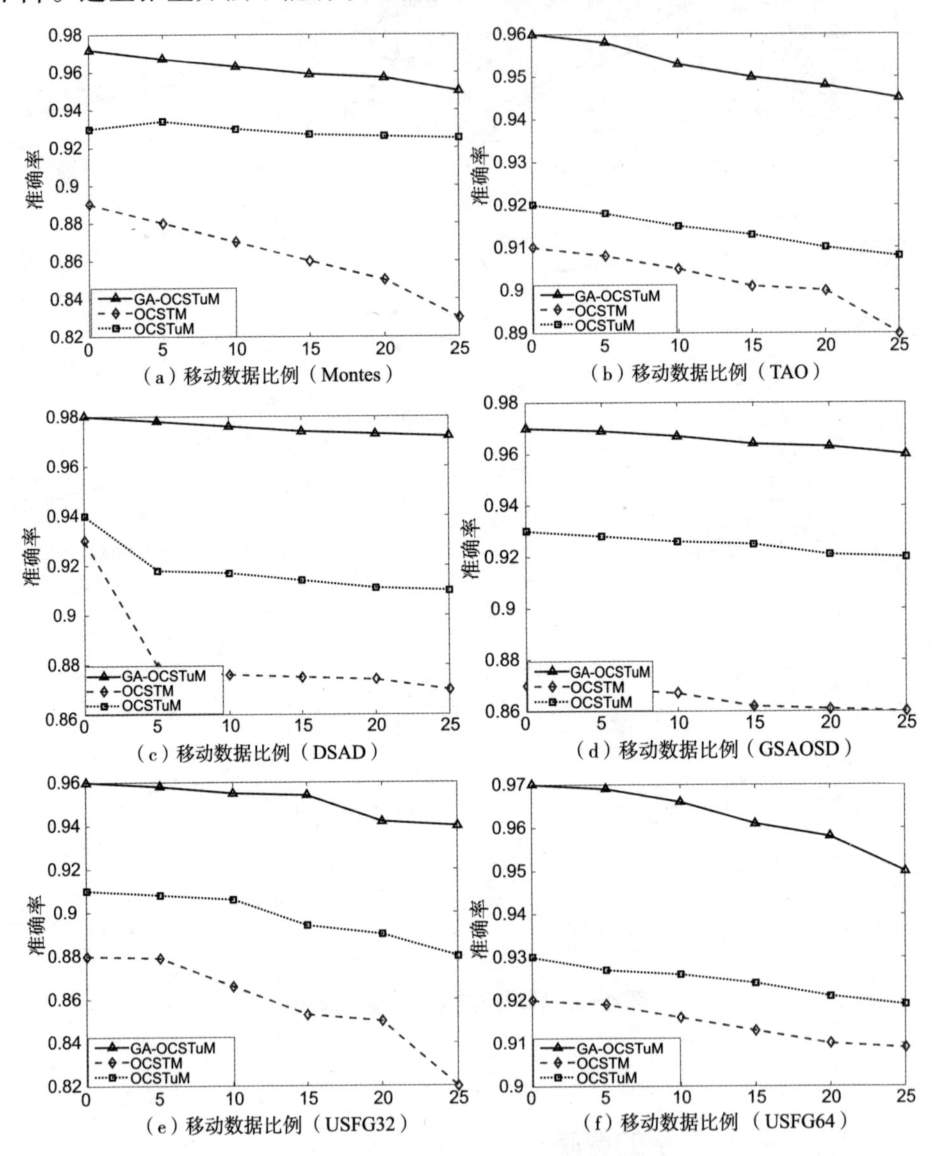

图 4-4　张量表示对异常点检测精度的影响

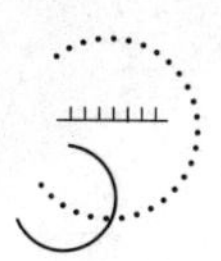

4.4.6　参数敏感性测试

根据文献 [27]，核心张量的维数等于或小于初始张量的维数。对于 GA-OCSTuM 和 OCSTuM 的核心张量维数的敏感性应该被理解。图 4-5 表明，核心张量的维数对离群点检测方法的准确性有重要影响，所有的最优张量维数都小于初始张量的大小。因此，我们可以利用 Tucker 因子分解来降低高维张量数据的维数，并降低计算复杂度。通过调整核心张量的维数，可以提取初始张量的主成分，提高检测精度。

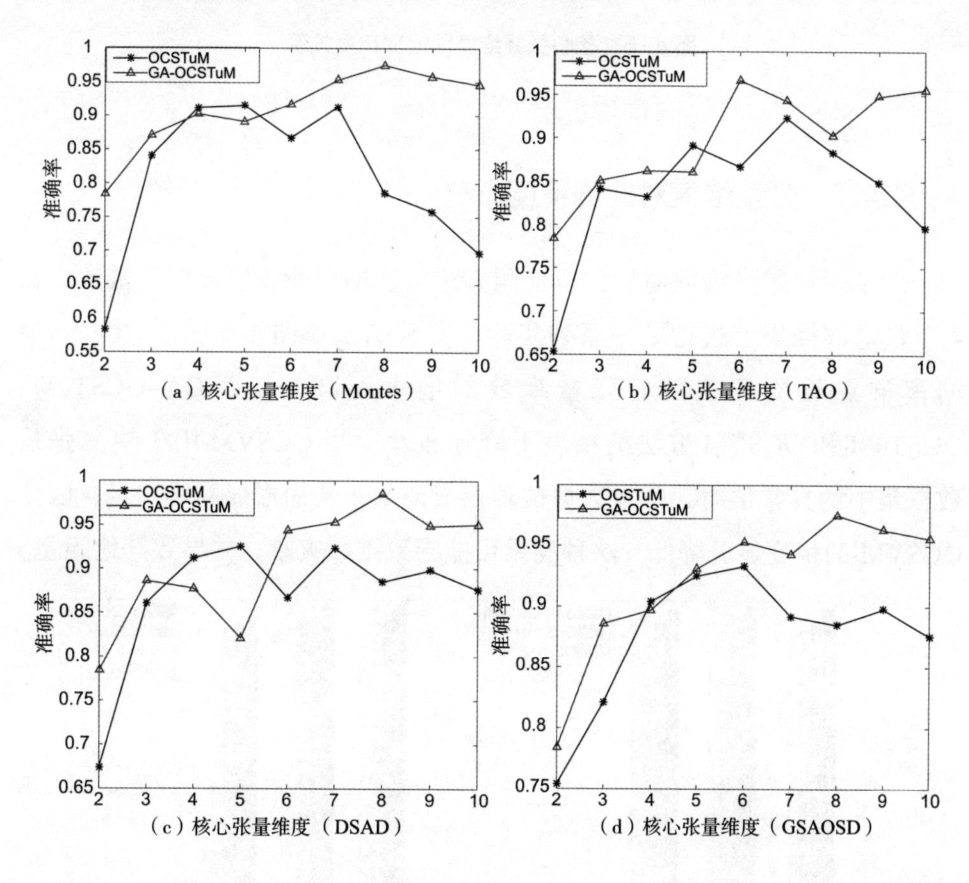

图 4-5

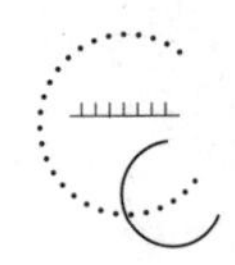

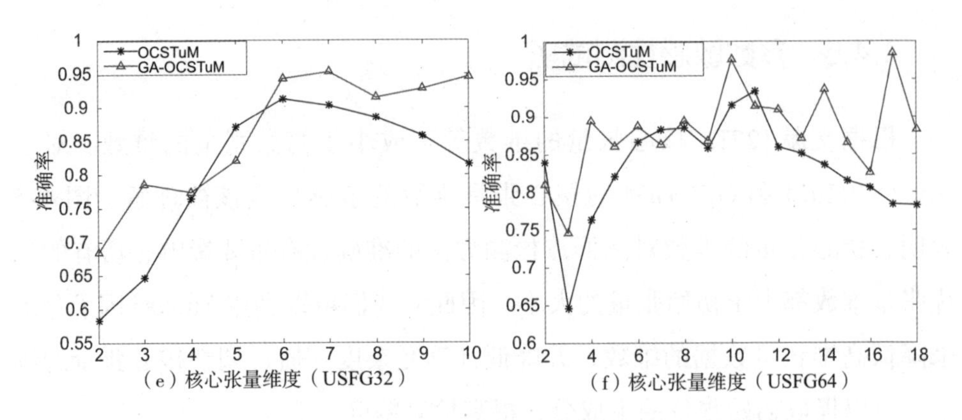

图 4-5　核心张量维度跟检测精度关系

4.4.7　张量维度对检测精度影响

为了探讨张量维数对异常值检测方法精度的影响，修改张量维数，在4个张量数据集上进行了一系列实验，实验结果如图 4-6 所示。OCSVM 的离群点检测精度随着张量维数的增大而减小，而 GA-OCSTuM、OCSTuM 和 OCSTM 方法的精度下降比较小。当 OCSVM 用于检测张量数据集中的异常值时，张量数据被转换成向量，从而形成高维向量，因此 OCSVM 的精度显著降低。这种高维可能导致维数灾难，并导致其他问题。

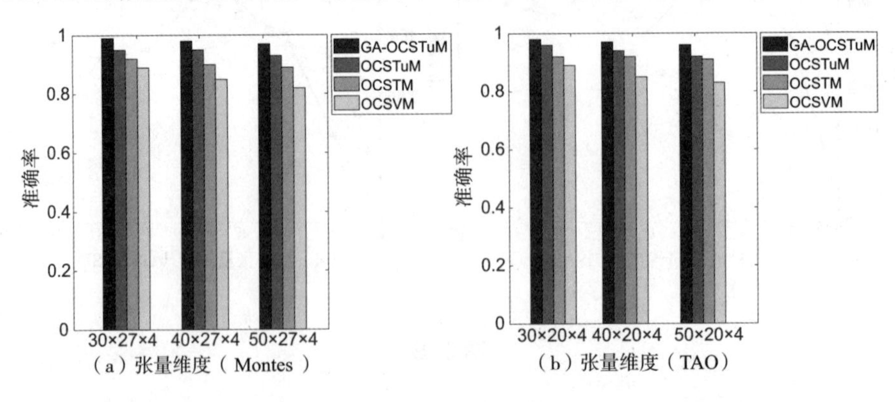

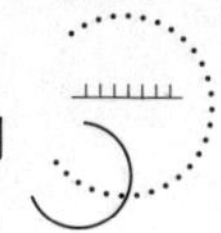

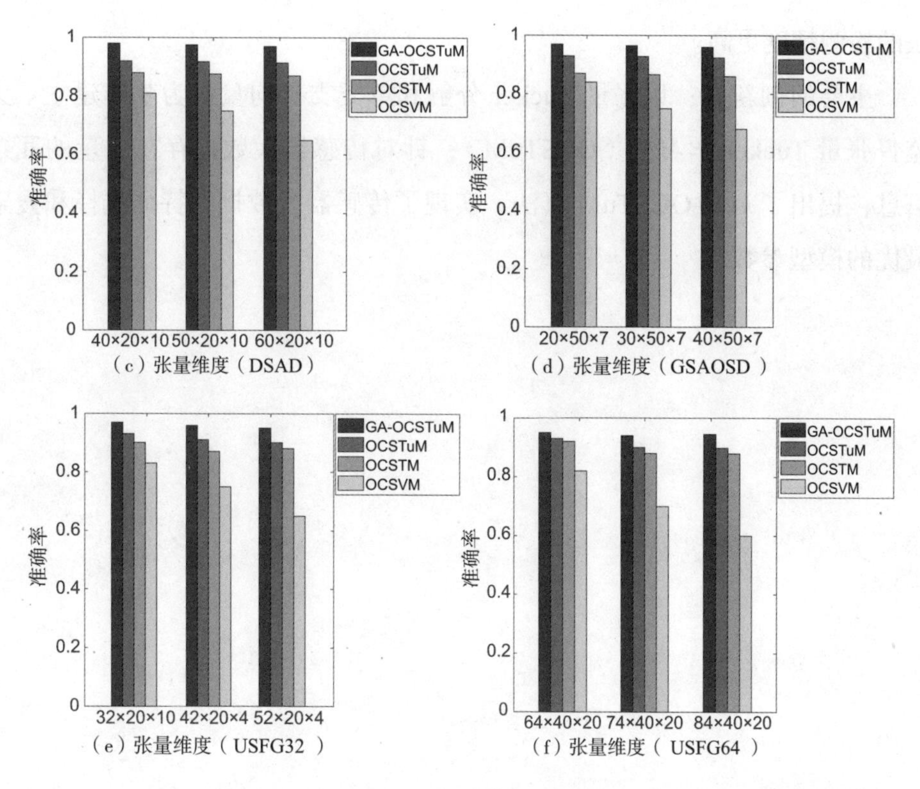

图 4-6　算法张量维度比较实验结果

4.5　本章小结

本章介绍了用于监测传感器大数据中离群点的 OCSTUM 和 GA-OCSTUM 方法。基于 CP 分解的方法需要评估秩来近似初始张量，使用 Tucker 分解来获得更精确的张量分解，而且 Tucker 分解可以通过调整核心张量的维数来减小维数，因此，Tucker 分解用于压缩大规模数据中每个样本的属性。应用张量此特性，本章提出了 OCSTuM 方法。针对传感器大数据存在大量的冗余信息，提出了同时进行特征选择和参数优化的 GA-OCSTuM。该方法能有效地提高检测性能。实验结果表明，与基于向量的异常检测方法相比，该算

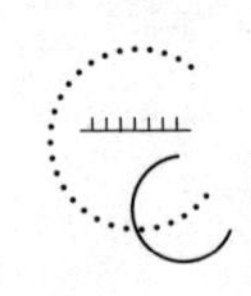

法的检测精度更高。

主要的创新点：以张量 Tucker 分解和单类支持向量机为基础建立了无监督张量 Tucker 学习机（OCSTuM）；针对传感器大数据存在大量的冗余信息，提出了 GA-OCSTuM 算法，实现了传感器大数据的特征选择和搜索最优的模型参数。

第 5 章　基于极限张量学习机的数据分类

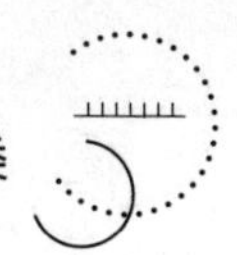

5.1　引言

极限学习机（extreme learning machine，ELM）由南洋理工大学的 Huang 等人 [44] 于 2006 年提出，由于其具有较强的回归 / 分类泛化性能、极快训练速度和逼近能力等优点 [45-46]，已经成为机器智能和大数据分析领域的重要研究热点之一。ELM 能有效解决单隐层前馈神经网络（single-hidden layer feedforward neural networks，SLFN）的缺陷，已经被广泛应用在人脸分类 [47-48]、图像分割 [47, 49] 和人类活动识别 [47, 50] 等领域。

ELM 具有以下特性：①最小的训练误差（minimum training error）。学习算法都期望训练误差最小，但是，由于局部极小问题，或者在实际应用中迭代次数趋于无穷大的不切实际等原因，很难实现最小训练误差；②最小权值范数以及较强的泛化能力。$H\beta = T$ 最小范数最小二乘解为 $\beta = H^{\dagger}T$ [51]，表示其解是所有最小二乘解中范数最小的。文献 [52] 指出，对于前馈神经网络来说，权值的数量级（magnitude）非常重要，权值越小，则泛化能力越强，因此，ELM 的模型具有更好的泛化能力。计算隐含层矩阵的 Moore–Penrose 广义伪逆是极限学习机中付出代价最大的计算 [53]，计算该矩阵的常用方法有奇异值分解法、迭代法和正交化方法 [53-56]。当处理非奇异矩阵时，迭代和正交化方法都表现出较差的性能，奇异值分解法是一种精确的方法，但是这种方法在处理海量数据时容易耗费时间。

为了提高 ELM 的推广能力，提出了如 RELM[45]、WRELM[57]、求和小波 ELM[58] 和最优剪枝极值学习机（OP–ELM）[59] 等多种 ELM 变体，文献 [60] 提出了一种基于核方法的有监督算法，即约简核 ELM，它随机选择可用数据样本的子集作为支持向量。ELM 是大规模数据分析的有效工具，尤其是用于高维数据的降维 [61-62]。所有 ELM 回归问题基本上涉及求解 Moore–Penrose 广义伪逆矩阵。现代各种网络（如互联网流量、物联网、移动定位和大规模社交网络）产生海量数据，而且数据呈现出多面性和高维性，这种数据用矩阵表示复杂，对张量来说，则容易。ELM 及其变体不适合处理分析高维张量数据，因此，张量分解，如 Tucker 分解、CP 分解成为张量分析重要的工具。结合张量分析和 ELM，本章提出极限张量学习机解决此类问题。

本章主要的创新点：以 Tensor-Train 分解和 ELM 为基础构建了极限张量学习机，有效地解决了复杂高维数据的“维数灾难”问题，降低了计算复杂度和存储需求。

5.2 极限张量学习机

5.2.1 极限学习机

ELM 学习机采用的是单层前馈神经网络，结构如图 5-1 所示。将输入数据映射到 L 维随机特征空间，并输出下式：

$$f_L = \sum_{i=1}^{L} \beta_i h_i(x) = h(x)\boldsymbol{\beta} \tag{5-1}$$

其中 $\boldsymbol{\beta} = [\beta_1 \beta_2 \cdots \beta_L]^{\mathrm{T}}$ 表示隐含层节点与输出层节点之间的输出权值矩阵，$h(x) = [G_1(x) \cdots G_L(x)]$ 表示输入数据 x 的隐含层输出。

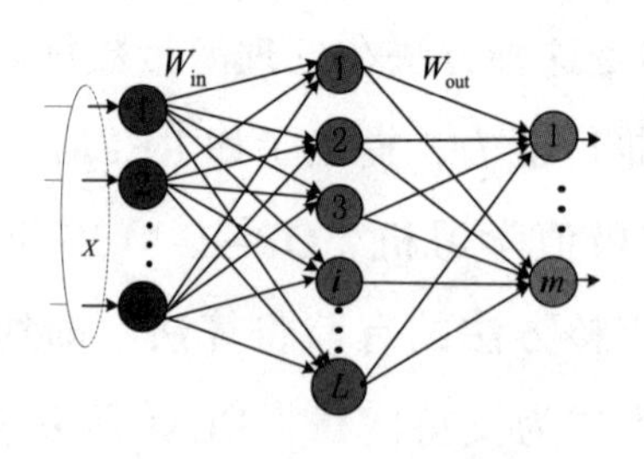

图 5-1　ELM 的神经网络结构

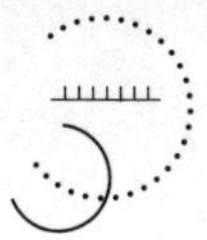

ELM 用于求解学习问题的形式如下：

$$\boldsymbol{H\beta}=\boldsymbol{T} \tag{5-2}$$

$\boldsymbol{\beta}=\left[\beta_1\beta_2\cdots\beta_L\right]_{L\times m}^{\mathrm{T}}$ 表示连接隐含层节点与输出层节点的权值向量，而 $\boldsymbol{H}$ 表示隐层随机化输出矩阵。

$$\boldsymbol{H}=\begin{bmatrix} h(x_1) \\ h(x_2) \\ \vdots \\ h(x_N) \end{bmatrix}=\begin{bmatrix} h_1(x_1) & \cdots & h_1(x_1) \\ \vdots & \cdots & \vdots \\ h_L(x_N) & \cdots & h_L(x_N) \end{bmatrix}_{N\times L} \tag{5-3}$$

$\boldsymbol{T}$ 表示目标标签矩阵。

$$\boldsymbol{T}=\begin{bmatrix} t(x_1^{\mathrm{T}}) \\ t(x_2^{\mathrm{T}}) \\ \vdots \\ t(x_N^{\mathrm{T}}) \end{bmatrix}=\begin{bmatrix} t_{11} & \cdots & t_{1m} \\ \vdots & \cdots & \vdots \\ t_{N1} & \cdots & t_{Nm} \end{bmatrix}_{N\times m} \tag{5-4}$$

训练集包含 N 个训练样本，表示 $n\times 1$ 维的输入向量，t_i 表示第 i 个训练样本的期望输出向量，单隐层前馈神经网络有 L 个隐含节点，存在下列等式：

$$t_j=\sum_{i=1}^{L}\beta_i g\left(w_i,\ b_i,\ x_j\right),\ j\in\{1,2,\cdots,\ N\} \tag{5-5}$$

单隐层前馈神经网络的训练过程包括两个主要阶段：特征随机映射和求解线性参数。第一阶段使用一些非线性映射函数将输入数据映射到一些特征空间，这是通过利用极限学习机随机初始化隐层参数来实现的。标准极限学习机算法如算法 5.1 所示。

算法 5.1　训练标准 ELM 学习算法
输入：样本训练集$s=\left\{(x_i,\ t_i)\middle\vert x_i\in\mathrm{R}^m,\ t_i,\ i=1,2,\cdots,N\right\}$，隐含层节点数为 L，隐层输出函数$G(w,\ b,\ x)$ **输出**：ELM 的输出层权值β 1. 随机分配 ELM 的输出入权值 w 和偏值 b 2. 用矩阵的 Moore–Penrose 广义逆求解隐层输出矩阵 $\boldsymbol{H}$ 3. 计算输出层权值$\hat{\beta}$：通过隐藏层输出矩阵"$\boldsymbol{H}$"的 Moore–Penrose 广义逆和目标样本矩阵的转置乘积来计算输出层权值，$\hat{\beta}=H^{+}T'$

5.2.2 核极限学习机

由于矩阵可能是奇异的，因此，可能导致计算的输出权值 W_{out} 有时不精确。W_{out} 通过如下优化形式的极限学习机求解：

$$\begin{cases}\min\ L_{ELM} = \dfrac{1}{2}\|W_{\text{out}}\|^2 + \dfrac{C}{2}\|\xi_i\|^2 \\ \text{subject to}\ \ W_{\text{out}}^{\mathrm{T}}\phi_i = t_i - \xi_i\end{cases} \tag{5-6}$$

式中，ξ_i 表示第 i 个训练样本的实际输出与期望输出之差；ϕ_i 为第 i 样例 x_i 在隐层上的输出向量；C 为惩罚因子，用于调控网络的泛化性与精确性的平衡关系。根据 Karush–Kuhn–Tucker (KKT) 定理[63]，可以通过求解式（5–6）对偶优化问题来计算网络输出权重 W_{out}：

$$L = \frac{1}{2}\|W_{\text{out}}\|^2 + \frac{C}{2}\|\xi_i\|^2 - \sum_{i=1}^{N} a_i\left(W_{\text{out}}^{\mathrm{T}}\phi_i - t_i + \xi_i\right) \tag{5-7}$$

通过计算 L 关于 W_{out}、ξ_i 和 a_i 的导数并将它们设置为 0，求得网络输出权重 W_{out}：

$$W_{\text{out}} = \left(\phi\boldsymbol{\phi}^{\mathrm{T}} + \frac{1}{C}I\right)^{-1}\phi\boldsymbol{T}^{\mathrm{T}} \tag{5-8}$$

或

$$W_{\text{out}} = \phi\left(\boldsymbol{\phi}^{\mathrm{T}}\phi + \frac{1}{C}I\right)^{-1}\boldsymbol{T}^{\mathrm{T}} \tag{5-9}$$

将核函数引入极限学习机形成核极限学习机，将隐藏层的输出看作样本的非线性映射。当映射未知时，构造核函数代替 $\boldsymbol{\phi}_i^{\mathrm{T}}\phi$：

$$W_{\text{out}} = \phi\left(\boldsymbol{K} + \frac{1}{C}I\right)^{-1}\boldsymbol{T}^{\mathrm{T}} \tag{5-10}$$

式中，$\boldsymbol{K} \in \Re^{N\times N}$ 为核矩阵，其元素 $\left[K\right]_{i,\,j} = \boldsymbol{\phi}_i^{\mathrm{T}}\phi_j$ [64–65]。对于一个给定输入向量 $x \in \Re^{D}$，由式（5–10）得到式（5–11）：

$$f_l = W_{\text{out}}^{\mathrm{T}}\phi_l = T\left(K + \frac{1}{C}I\right)^{-1}\boldsymbol{\phi}^{\mathrm{T}}\phi_l = T\left(K + \frac{1}{C}I\right)^{-1}\boldsymbol{k}_l \tag{5-11}$$

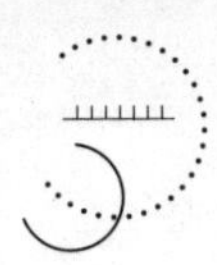

其中，$\boldsymbol{k}_l \in \Re^N$ 是元素为 $k_{i,\ l} = \boldsymbol{\phi}_i^{\mathrm{T}} \phi_l$（$i$=1，2，…，$N$）的向量。

5.2.3　向量与矩阵的 Tensor-Train 表示

Tensor-Train 分解（tensor train factorization，TTF）是一种张量分解模型，可以将一个张量扩展到任意数量的维度。给定一个 d 阶的张量 $\mathcal{A} \in \Re^{p_1 \times p_2 \times \cdots \times p_d}$，其张量列分解形式如下：

$$\mathcal{A}(l_1,\ l_2,\cdots,l_d) = \mathcal{G}_1(l_1)\mathcal{G}_2(l_2)\cdots\mathcal{G}_d(l_d) \tag{5-12}$$

其中，$\mathcal{G}_k \in \Re^{p_k \times r_{k-1} \times r_r}$，$l_k \in [1,\ p_k]$，$\forall k \in [1,\ d]$，而且 r_0 和 r_d 的值都等于 1，即 $r_0 = r_1 = 1$。式（5-12）表明张量的每个元素可以表示为一系列矩阵乘积，称 $\{\mathcal{G}_k\}_{k=1}^{d}$ 为核张量（Core Tensors），张量列的复杂性由其秩 $\{r_0,\ r_1,\cdots,r_d\}$ 确定。

如果把式（5-12）中的整数 p_k 分解为 $p_k = m_k \cdot n_k$，$\forall k \in [1,\ d]$，因此，将 $\mathcal{G}_k$ 变换成 $\mathcal{G}_k^* \in \Re^{m_k \times n_k \times r_{k-1} \times r_k}$，每个索引 l_k 可以唯一地分解为两个索引 $(i_k,\ j_k)$，即

$$i_k = \left\lfloor \frac{l_k}{n_k} \right\rfloor,\ j_k = n_k - l_k \left\lfloor \frac{l_k}{n_k} \right\rfloor \tag{5-13}$$

致使

$$\mathcal{G}_k(l_k) = \mathcal{G}_k^*(i_k,\ j_k) \in \Re^{r_{k-1} \times r_k} \tag{5-14}$$

因此，将张量 $\mathcal{A} \in \Re^{(m_1 \cdot n_1) \times (m_2 \cdot n_2) \times \cdots \times (m_d \cdot n_d)}$ 的分解变换成与公式（5-12）等价的形式：

$$\mathcal{A}\left[(i_1,\ j_1),(i_2,\ j_2),\cdots,(i_d,\ j_d)\right] = \mathcal{G}_k^*(i_1,\ j_1)\mathcal{G}_2^*(i_2,\ j_2)\cdots\mathcal{G}_d^*(i_d,\ j_d) \tag{5-15}$$

这种双索引技巧能应用于前馈神经网络的权重矩阵分解 [66]。

5.2.4　极限张量学习机的 Tensor-Train 层

ELM 是全连接单层前馈神经网络的学习算法，其神经网络结构的数学

描述为$\boldsymbol{y}=\boldsymbol{W}\boldsymbol{x}+\boldsymbol{b}$，$\boldsymbol{W}\in\Re^{M\times N}$，$\boldsymbol{b}\in\Re^{M}$，将其写成标量形式：

$$y(j)=\sum_{i=1}^{M}\boldsymbol{W}(i,\ j)\cdot x(i)+b(j) \tag{5-16}$$

其中$j\in[1,\ N]$，$\boldsymbol{x}\in\Re^{M}$，$\boldsymbol{y}\in\Re^{N}$。假设$M=\prod_{k=1}^{d}m_k$，$N=\prod_{k=1}^{d}n_k$，这样M和N都可以分解成两个长度相同的整数数组，将输入向量$\boldsymbol{x}$和输出向量$\boldsymbol{y}$重构为具有相同阶数的两个张量$\mathcal{X}\in\Re^{m_1\times m_2\times\cdots\times m_d}$，$\mathcal{Y}\in\Re^{n_1\times n_2\times\cdots\times n_d}$，映射函数$\Re^{m_1\times m_2\times\cdots\times m_d}\rightarrow\Re^{n_1\times n_2\times\cdots\times n_d}$写成以下形式：

$$\begin{aligned}\mathcal{Y}(j_1,\ j_2,\cdots,j_d)=\sum_{i_1=1}^{m_1}\sum_{i_2=2}^{m_2}\cdots\sum_{i_d=1}^{m_d}\mathcal{W}\left[(i_1,\ j_1),(i_2,\ j_2),\cdots,(i_d,\ j_d)\right]\cdot\\ \mathcal{X}(i_1,\ i_2,\cdots,i_d)+\mathcal{B}(j_1,\ j_2,\cdots,j_d)\end{aligned} \tag{5-17}$$

公式（5–16）是公式（5–17）d=1时的特例，d维双索引张量权重$\mathcal{W}$可用张量Tensor–Train分解表示：

$$\mathcal{W}\left[(i_1,\ j_1),(i_2,\ j_2),\cdots,(i_d,\ j_d)\right]=\mathcal{G}_1^*(i_1,\ j_1)\mathcal{G}_2^*(i_2,\ j_2)\cdots\mathcal{G}_d^*(i_d,\ j_d) \tag{5-18}$$

张量$\mathcal{W}$的存储量为$\prod_{k=1}^{d}m_k\cdot n_k=M\cdot N$，而张量Tensor–Train分解的低秩核张量$\{\mathcal{G}_k\}_{k=1}^{d}$的大小为$\sum_{k=1}^{d}m_k\cdot n_k\cdot r_{k-1}\cdot r_k$，该核心张量集逼近重构张量权重$\mathcal{W}$。将式（5–18）代入式（5–17）得到式（5–19）：

$$\begin{aligned}\mathcal{Y}(j_1,\ j_2,\cdots,j_d)=\sum_{i_1=1}^{m_1}\sum_{i_2=2}^{m_2}\cdots\sum_{i_d=1}^{m_d}\mathcal{G}_k^*(i_1,\ j_1)\mathcal{G}_2^*(i_2,\ j_2)\cdots\mathcal{G}_d^*(i_d,\ j_d)\cdot\\ \mathcal{X}(i_1,\ i_2,\cdots,i_d)+\mathcal{B}(j_1,\ j_2,\cdots,j_d)\end{aligned} \tag{5-19}$$

将压缩率定义为一个全连接（Fully–Connect，FC）神经网络层的权值矩阵大小与相应Tensor–Train格式权值矩阵的比率：

$$\gamma=\frac{\prod_{k=1}^{d}m_kn_k}{\sum_{k=1}^{d}m_kn_kr_{k-1}r_k} \tag{5-20}$$

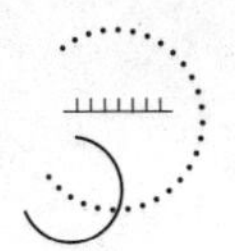

例如，全连接神经网络的输入图像大小为 $100\times100\times3$，其输入向量是 30 000，隐含层节点数 256，则对于一个全连接神经网络的权值矩阵大小是 $256\times30\,000$，其参数就是 $256\times30\,000=7\,680\,000$（个）。假定 Tensor-Train 层参数为输入张量 $\mathcal{X}\in\Re^{5\times10\times10\times60}$，输出张量 $\mathcal{Y}\in\Re^{5\times5\times5\times5}$，Tensor-Train 秩为 $1\times4\times4\times4\times1$，即 $r_0=r_4=1,\ r_1=r_2=r_3=4$，则 Tensor-Train 层参数是 29 000 个，参数压缩率 $\gamma\approx2\,648$。

张量化（tensorization）是指从低级数据格式（如向量、矩阵或更低级张量）生成高阶张量。这是应用张量方法进行多路数据（张量数据）分析前非常重要的步骤。将输入向量数据转换成张量可以更有效地捕捉输入数据的空间信息。它可以是堆栈（stack）操作，也可以是整形（reshape）操作。我们使用整形（reshape）张量化操作，因为它不需要复制数据元素。实质上，重塑就是重新分组数据。图 5-2 概述了如何将向量和矩阵整形（reshape）为三阶阶张量和四阶张量。

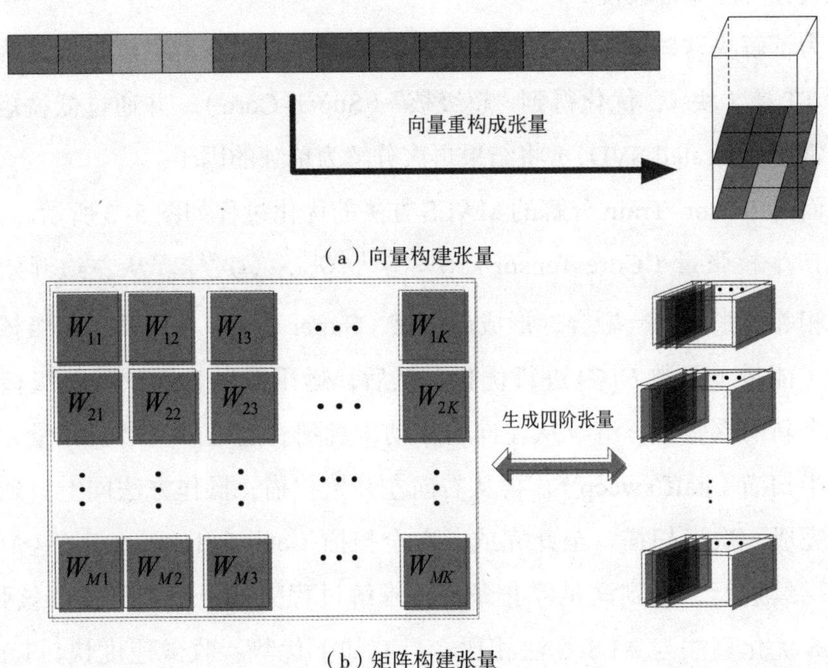

图 5-2　张量化操作

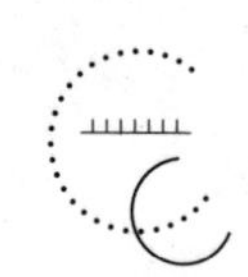

5.2.5 极限张量学习机

（1）改进交换最小二乘（modified alternating least squares，MALS）。MALS 算法[67, 68, 191]用于求解极限张量学习机的 Tensor–Train 分解的最小二乘问题。

考虑标量代价（能量）函数 $F(\mathcal{X})$ 的最小化问题，$\mathcal{X} \in \Re^{I_1 \times I_2 \times \cdots \times I_N}$ N 阶张量，其 Tensor–Train 格式 $\mathcal{X} = (\mathcal{X}^{(1)},\ \mathcal{X}^{(2)}, \cdots, \mathcal{X}^{(N)})$ ，$\mathcal{X}^{(k)}$，$k=1,2,\cdots,N$ 为三阶核张量（Core Tensor）。求解 Tensor–Train 格式的解，但是，同时最小化所有核张量 $\mathcal{X}^{(k)}$，$k=1,2,\cdots,N$ 通常过于复杂，而且是非线性的，解决方法是进行一系列优化，一次对一个核张量进行优化。$\mathcal{X}^{(k)} = \arg\min\left(\mathcal{X}^{(1)},\ \mathcal{X}^{(2)}, \cdots, \mathcal{X}^{(N)}\right)$，其他核张量保持不变。由于所求解的 TT 秩未知，标准的 ALS 依赖于 TT 秩的初始猜测，因此，对于某些初始条件，迭代过程可能非常缓慢。

为了解决这些问题，使用 MALS 方法，该方法基本思想：合并两个相邻的 TT 核（块），优化得到“超级核”（Super–Core），并通过低秩矩阵分解（常用 truncated SVD，）将结果再次分解为单独的因子。

面向 Tensor–Train 分解的 MALS 方法的优化过程如图 5–3 所示。首先，随机产生核张量（Core Tensor）$\mathcal{G} = \left\{\mathcal{G}^{(1)},\ \mathcal{G}^{(2)}, \cdots, \mathcal{G}^{(N)}\right\}$。从左边开始，对两个相邻核张量进行融合，形成超级核（Super Core），对基于超级核标量代价（能量）函数 $F(\mathcal{G})$ 进行优化。然后，运用截尾 TSVD 将超级核分割成两个新的核张量，继续从左向右移动，直到右边最后一个核张量，完成一次半扫描（half sweep），再从右向左开始扫描，操作方法同上，到最左边，完成一次半扫描，至此完成一次全扫描（one full sweep），这个过程不断继续进行，直到满足停止条件，求解过程完成，得到所需的核张量。MALS 优化算法与 ALS 算法相比，具有如下优势：收敛速度快、Tensor–Train 秩能自适应计算。

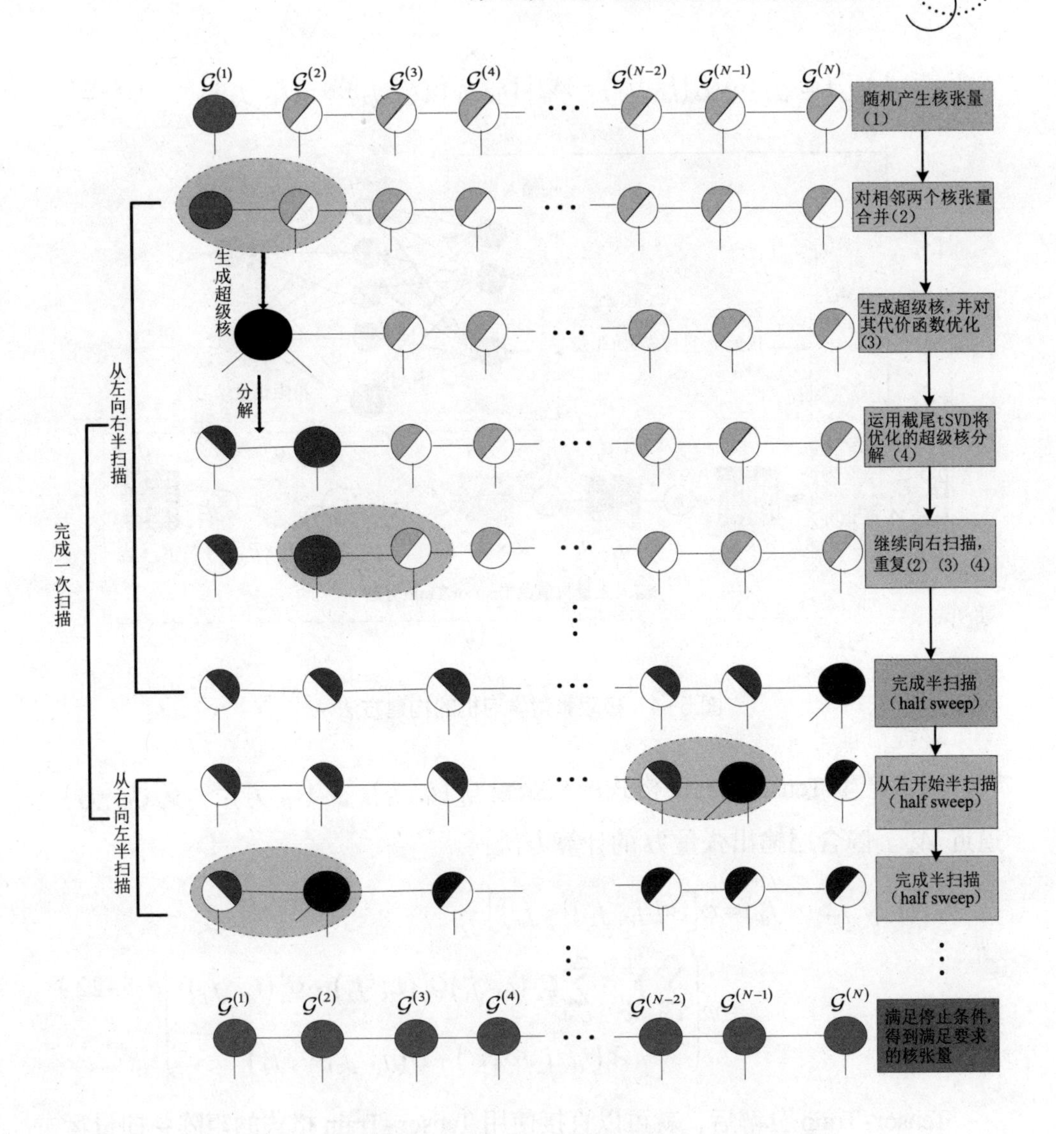

图 5-3　基于 Tensor-Train 分解的 MALS 优化过程

（2）学习算法。极限张量学习机（extreme tensor factorization learn machine，ETFLM）的构建方法如图 5-4 所示。对于极限张量学习机，需将输入权值 W_{in} 和输出权值 W_{out} 分别张量化为 $\mathcal{W}_{in}$ 与 $\mathcal{W}_{out}$，ELM 的输入权值 W_{in} 是随机产生的，其对应的张量 $\mathcal{W}_{in}$ 也应该是随机产生的。根据张量 Tensor-Train 分解，按如下方法随机产生：

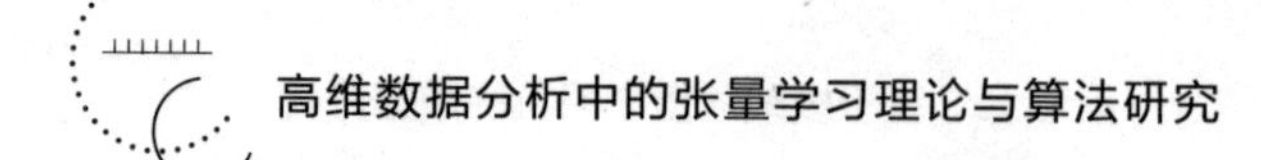

$$\mathcal{G}_1^*(i_1, j_1)\mathcal{G}_2^*(i_2, j_2)\cdots\mathcal{G}_d^*(i_d, j_d)=\mathcal{W}_{\text{in}}\left[(i_1, j_1),(i_2, j_2),\cdots,(i_d, j_d)\right] \tag{5-21}$$

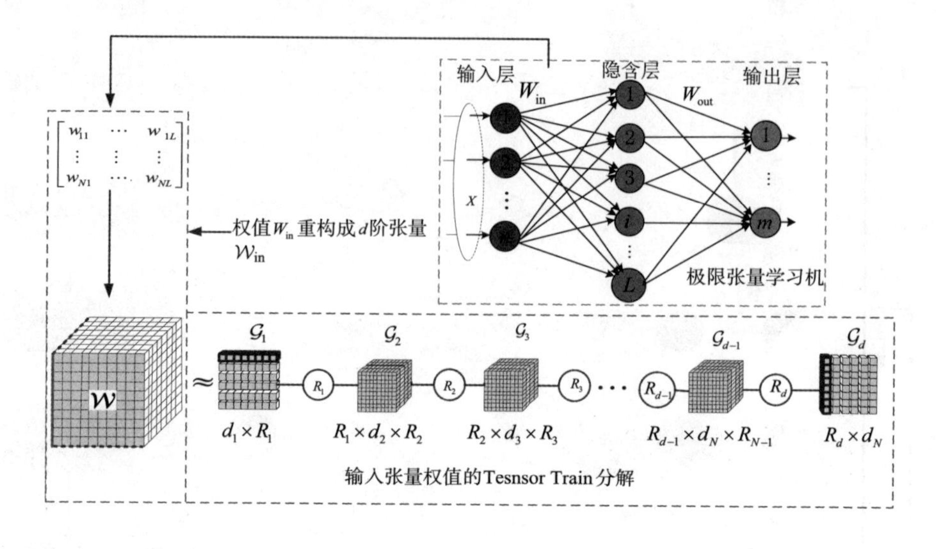

图 5-4　极限张量学习机的构建方法

随机产生 Tensor-Train 格式的核张量 $\mathcal{G}_1^*(i_1, j_1)$，$\mathcal{G}_2^*(i_2, j_2),\cdots,\mathcal{G}_d^*(i_d, j_d)$ 逼近 $\mathcal{W}_{\text{in}}$。隐含层输出张量 $\mathcal{H}$ 的计算方法：

$$\begin{aligned}\mathcal{H}(j_1, j_2,\cdots, j_d)&=\varphi\left[\mathcal{Y}(j_1, j_2,\cdots, j_d)\right]\\&=\varphi\left(\begin{matrix}\sum_{i_1=1}^{m_1}\sum_{i_2=2}^{m_2}\cdots\sum_{i_d=1}^{m_d}\mathcal{G}_k^*(i_1, j_1)\mathcal{G}_2^*(i_2, j_2)\cdots\mathcal{G}_d^*(i_d, j_d)\cdot\\\mathcal{X}(i_1, i_2,\cdots, i_d)+\mathcal{B}(j_1, j_2,\cdots, j_d)\end{matrix}\right)\end{aligned} \tag{5-22}$$

Tensor-Train 分解后，就可以直接使用 Tensor-Train 格式的矩阵 - 向量运算。训练极限张量学习机就是求解一个张量 Tensor-Train 分解最小二乘问题：

$$\min_{\mathcal{W}_{\text{out}}}\left\|\mathcal{H}\mathcal{W}_{\text{out}}-\mathcal{T}\right\|_F^2 \tag{5-23}$$

基于 Tensor-Train 分解的式（5-23）可以应用 MALS 方法对其求解[67,68]，算法 5.2 总结了极限张量学习机算法。首先，要确定输入张量权值 d 阶 $\mathcal{W}_{in}$ 的每个模式的大小，然后根据每个模式数随机产生张量核 $\mathcal{G}_k^*(i_k, j_k)$，再运用张量列矩阵相乘和 MALS 方法求解输出张量权重 $\mathcal{W}_{\text{out}}$。

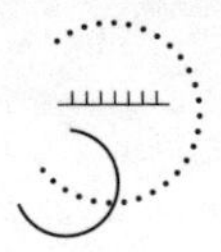

算法 5.2　训练极限张量学习机算法

输入： 样本训练集$s = \{(x_i, t_i) | x_i \in R^m, t_i, i = 1,2,\cdots,N\}$，隐含层节点数为 L，激活函数$\varphi(w, b, x)$

输出： 极限张量学习机的输出张量权值$\mathcal{W}_{out} = (\mathcal{G}_1, \mathcal{G}_2, \cdots, \mathcal{G}_d)$

1. 随机产生 d 个张量核$\mathcal{G}_1^*, \mathcal{G}_2^*, \cdots, \mathcal{G}_d^*$，其中$\mathcal{G}_k^* \in \Re^{r_{k-1} \times m_k n_k \times r_k}$是具有较小秩$r_{k-1}$ 和r_k的随机张量核，通过张量的 Tensor-Train 分解获得随机输入张量权值$\mathcal{W}_{in} = (\mathcal{G}_1^*, \mathcal{G}_2^*, \cdots, \mathcal{G}_d^*)$
2. 通过式（5-22）计算激活函数张量$\mathcal{H}$
3. 应用 MALS 方法求解$\|\mathcal{H}\mathcal{W}_{out} - \mathcal{T}\|_F^2$，计算输出张量权值$\mathcal{W}_{out}$的核心张量（$\mathcal{G}_1, \mathcal{G}_2, \cdots, \mathcal{G}_d$）
4. 计算训练精度，如果不满足要求，则提高隐层节点数 L，从步骤 1 开始重复，直到满足要求
5. 得到满足精度要求的输出张量权值$\mathcal{W}_{out}$的核心张量（$\mathcal{G}_1, \mathcal{G}_2, \cdots, \mathcal{G}_d$）
6. 结束

ETFLM 算法的详细流程图如图 5-5 所示。ETFLM 是一种将 ELM 张量化的单层前馈神经网络。其输入层权重是张量序列格式的随机生成张量，输出层张量由 MALS 优化。ELM 内存要求是$\prod_{k=1}^{d} m_k$，而 ETFLM 则是$\sum_{k=1}^{d} m_k \cdot r_{k-1} \cdot r_k$。ETFLM 计算复杂度是$O\left[dr^2 n_m \max(M, N)\right]$，而 ELM 则是$O(MN)$。

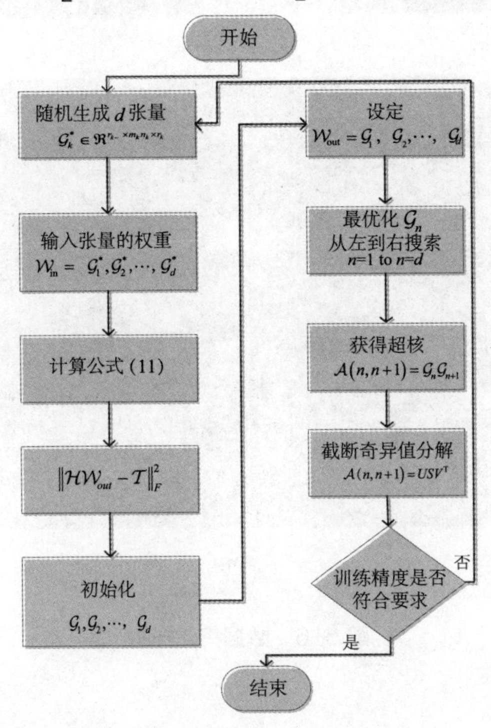

图 5-5　训练极限张量学习机的流程

5.3 实验评估

我们首先介绍四组用于分类评估的数据集系统。图 5-6 显示了一些示例样本。

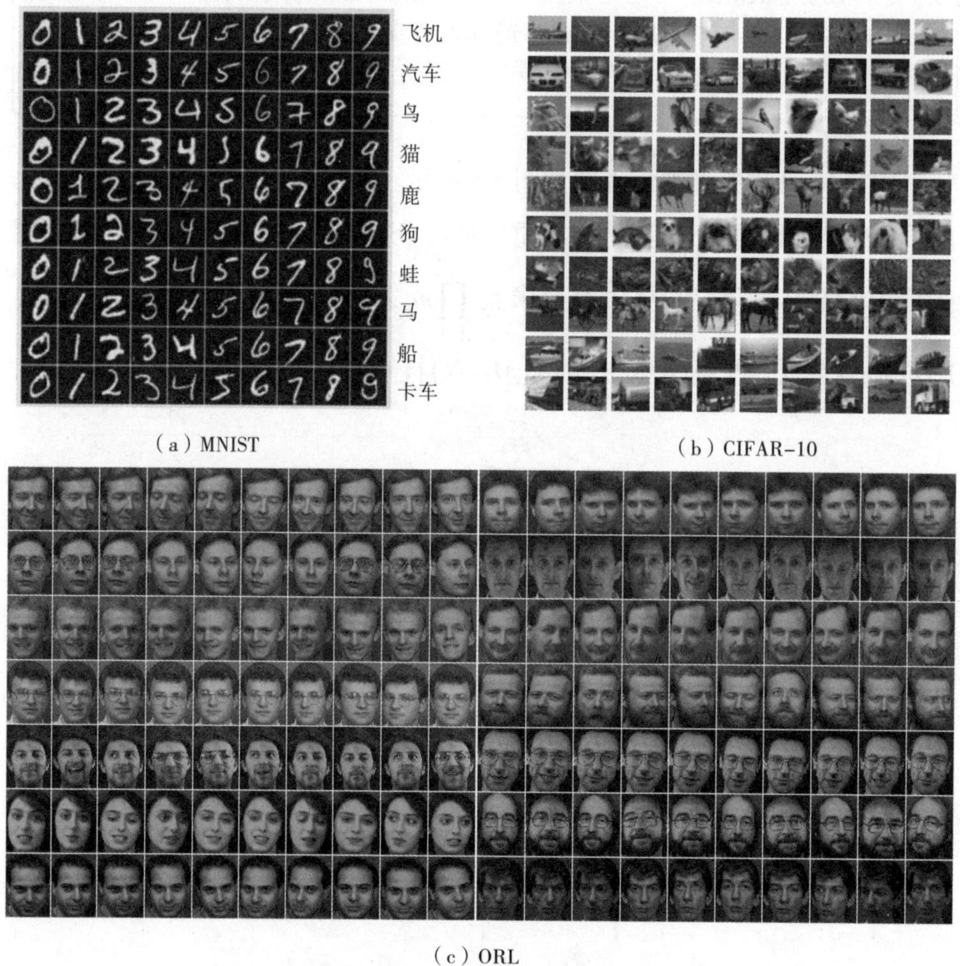

（a）MNIST　（b）CIFAR-10

（c）ORL

图 5-6　数据集的样本

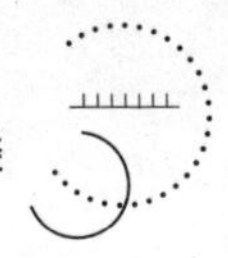

5.3.1　实验数据集

（1）MNIST：美国国家标准与技术研究所（the mixed national institute of standards and technology，MNIST）数据集 [69]。该数据集是由 0 到 9 手写数字构成的，广泛用于分类模型评估。训练集（training set）由 250 个不同人手写的数字构成，含有 600 000 幅图像，其中 50% 为高中学生手写，50% 是人口普查局（the census bureau）的工作人员手写的。测试集（test set）包含 1 000 幅图像，也是同样比例的手写数字数据。每个数字在 28 × 28 的灰度图像的中心。原始的 MNIST 数据集包含的文件如表 5–1 所示。

表5–1　原始的MNIST数据集包含的文件

文件名	大小	用途
train–images–idx3–ubyte.gz	9 912 422 字节	训练图像数据
train–labels–idx1–ubyte.gz	28 881 字节	训练图像标签
t10k–images–idx3–ubyte.gz	1 648 877 字节	测试图像数据
t10k–labels–idx1–ubyte.gz	4 542 字节	测试图像标签

（2）CIFAR–10：加拿大高级研究所（the canadian institute for advanced research，CIFAR–10）数据集是 8 000 万个微小图像数据集的子集。它是一个包含 60 000 张图片的数据集，有 10 个不同的类别，分别是 “airplane” “automobile” “bird” “cat” “deer” “dog” “frog” “horse” “ship” “truck”。训练集 50 000 张图片，测试集 10 000 图片，每张照片为 32 × 32 的彩色照片，每个像素点包括 RGB 三个数值，数值范围 0 ~ 255。

（3）USPS：用于数字的手写识别。数据集中共有 9 298 个手写数字图像（均为 16 × 16 像素的灰度图像的值，灰度值已被归一化），训练集有 7 291 个图像，而测试集有 2 007 个手写数字图像用于测试。

（4）Yale：Yale 人脸数据集由耶鲁大学创建，包含 15 个人，每个人有不同表情、姿态和光照下的 11 张人脸图像。该 Face 数据库有两个数据集，由 165 张图片组成，一个数据集是 32 × 32 灰度，另一个是 64 × 64 的灰度。

（5）ORL：ORL（Olivetti research laboratory）是英国剑桥大学 Olivetti 研究所拍摄的一系列人脸图像组的数据库，包含 40 个不同年龄、种族和性别的人，每人 10 幅图像，共 400 幅灰度图像。人脸部分表情和细节均有变化，如笑与不笑、眼睛睁着或闭着，戴或不戴眼镜等。人脸姿态也有变化，其深度旋转和平面旋转可达 20° ，人脸尺寸也有最多 10% 的变化。

5.3.2 实验设置

所有算法在 Matlab R2017a 中实现，实验需要张量分解工具箱 Tensor-Train Toolbox[66]，所有实验都是在 Inter(R) Core i3-4170 3.70GHz 和 8G 内存下进行的。我们分析了在 UCI 数据集 [69] 和 MNIST 数据集 [71] 上的 ELM 和极限张量学习机，每个数据集的详细信息汇总在表 5-2 中。在本实验中，我们研究了 TT 层的性质，并比较了不同的参数设置策略：表示层输入 / 输出的张量的大小和权重矩阵的 TT 秩。

表5-2 标准数据集

数据集	训练集	测试集	特征	类别
wine	142	36	3	12
adult	24 580	6 145	14	2
satimage	3 217	3 218	36	6
Vowel	422	106	10	11
diabets	154	612	8	2
shuttle	43 500	14 500	9	7
iris	120	30	3	4

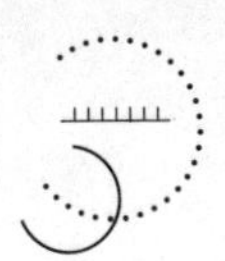

续表

数据集	训练集	测试集	特征	类别
mushroom	6 499	1 625	22	3
segment	1 848	462	19	12
credict	552	138	14	2
liver	276	70	16	2
USPS	7 291	2 007	256	10
CIFAR−10	50 000	10 000	32 × 32 × 3	10
MNIST	60 000	10 000	784	10
Yale_64 × 64	110	55	4 096	15
Yale_32 × 32	110	55	1 024	15
ORL_64 × 64	266	134	4 096	40
ORL_32 × 32	266	134	1 024	40

5.3.3　数据分类

ETFLM 采用的网络结构是一种两层前馈神经网络，第一层是基于随机生成的 Tensor-Train 张量输入权，第二层 Tensor-Train 张量是利用 MALS 方法进行优化的。低秩初始化对于每个核张量具有较小的秩非常重要。每一次生成超核都是求解最小二乘问题的过程 [204]，$O\left(n_m Rr^3 + n_m^2 R^2 r^2\right)$，其中 R 是激活矩阵的秩，r 是核张量的最大秩，n_m 是输出张量权值 $\mathcal{W}_{\text{out}}$ 的阶的最大维数。通过使用截断 SVD，可以自适应地降低每个核张量的秩，从而降低计算复杂度和节省内存。

我们将所提出的学习方法 ETFLM 和在 UCI 数据集上的极限学习算法进行比较研究。在这个实验中，将所有的核心张量的秩都初始化为 2。ETFLM 学习算法需求的内存为 $\sum_{k=1}^{d} m_k n_k r_k r_{k-1}$，而极限学习算法 ELM 需要 $N = m_1 n_1 \times m_2 n_2 \times m_3 n_3 \times \cdots \times m_d n_d$。表 5-3 显示了极限学习算法 ELM 与极限张量学习算法 ETFLM 的测试时间与精度的详细比较，我们可以发现，当张量秩较小时，基于 Tensor-Train 的神经网络具有模型压缩的快速测试过程，与极限学习算法 ELM 相比，极限张量学习算法能加快测试过程，同时测试精度有所提高或下降不大。

表5-3 标准数据集的性能比较（Sigmoid函数）

数据集	隐含层节点数	ELM			ETFLM		
		测试时间（s）	测试精度	标准差	测试时间（s）	测试精度	标准差
wine	512	2.57×10^{-2}	0.784 1	0.025 6	1.84×10^{-2}	0.775 1	0.024 6
adult	128	9.37×10^{-2}	0.795 2	0.035 6	8.85×10^{-3}	0.792 7	0.013 4
satimage	128	6.75×10^{-2}	0.714 8	0.010 8	5.27×10^{-2}	0.853 6	0.025 3
Vowel	256	3.15×10^{-2}	0.915 7	0.012 4	9.24×10^{-3}	0.968 2	0.009 8
diabets	128	1.57×10^{-3}	0.696 2	0.026 8	8.42×10^{-4}	0.734 5	0.036 1
shuttle	1 024	5.89×10^{-2}	0.995 6	0.001 4	5.04×10^{-2}	0.984 6	0.002 5
iris	128	2.25×10^{-3}	0.971 7	0.020 5	6.59×10^{-4}	0.968 7	0.028 2
mushroom	512	2.14×10^{-2}	0.995 3	0.002 6	1.85×10^{-2}	0.992 1	0.003 8
segment	128	1.78×10^{-2}	0.889 1	0.050 4	6.07×10^{-3}	0.883 2	0.008 5
credict	128	2.71×10^{-3}	0.795 4	0.030 2	9.45×10^{-4}	0.779 8	0.048 3
liver	128	2.24×10^{-3}	0.685 2	0.015 8	6.48×10^{-4}	0.731 4	0.008 9
CIFAR-10	1 024	2.84×10^{-2}	0.843 7	0.254 2	4.87×10^{-3}	0.842 5	0.034 7
MNIST	1 024	3.37×10^{-1}	0.912 5	0.002 0	1.43×10^{-3}	0.902 8	0.001 1

5.3.4 超参数对分类的影响

本次实验从测试时间、测试精度方面讨论了 ETFLM 的超参数，如 Tensor-Trian 秩和隐藏节点数。隐含层节点数发生变化时，极限张量学习算法 ETFLM 与极限学习算法 ELM 在测试时间和测试精度之间的比较，核心张量的秩设置为 r=60。图 5-7 显示了 MNIST 和 USPS 数据集上的测试精度和运行时间比较，随着隐藏节点数量的增加，精度有明显的提高趋

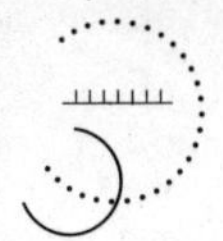

势。ETFLM 和标准 ELM 之间的运行时间几乎相同，这是由于相对较大的秩 r=60 和计算代价 $O\left[dr^2 n_m \max\left(M, N\right)\right]$ 所导致的。因此，低秩核张量是重要的参数。

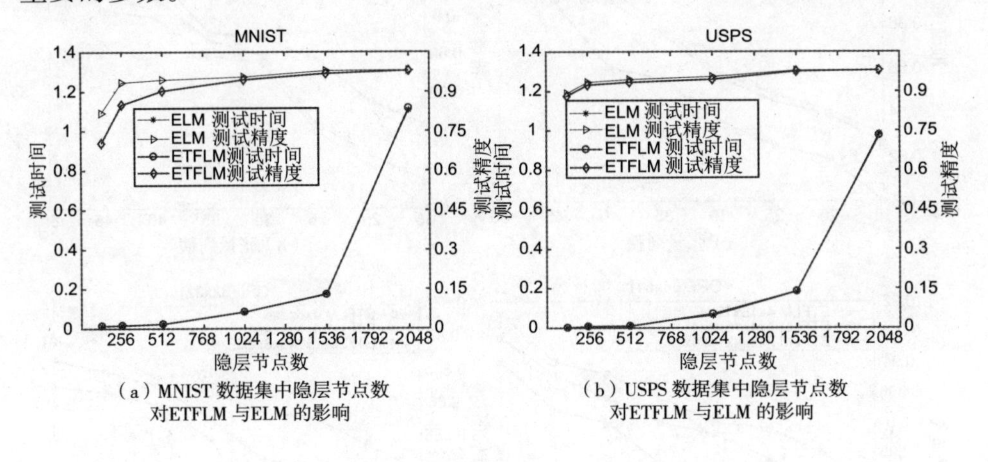

（a）MNIST 数据集中隐层节点数对ETFLM 与ELM 的影响

（b）USPS 数据集中隐层节点数对ETFLM 与ELM 的影响

图 5–7　隐层节点数变化对 ETFLM 与 ELM 的影响

5.3.5　Tensor–Train 分解秩对算法性能的影响

理解极限张量学习机对 Tensor–Train 分解秩 R 的敏感性非常重要。我们把 MNIST 数据集的输入图像 28×28 分解为（4×7×7×4）、（2×2×7×7×4）和（2×2×7×7×2×2），将 USPS 数据集的输入图像分解为（4×4×16）、（4×4×4×4）和（2×2×16×2×2），将 ORL64×64 数据集的输入图像 64×64 分解为（4×16×16×4）、（4×16×16×4）和（4×16×4×4×4），把 ORL32×32 数据集的输入图像分解为（4×8×8×4）、（4×4×4×4×4）和（2×2×8×8×2×2），将 Yale64×64数据集的输入图像分解为（4×16×16×4）、（4×16×16×4）和（4×16×4×4×4），把 Yale32×32 数据集的输入图像分解为（4×8×8×4）、（4×4×4×4×4）和（2×2×8×8×2×2）。图 5–8 显示了当我们改变张量 Tensor–Train 权重的秩时，测试精度也增加了。输入张量维数值小和阶数少的 ETFLM 比相应高的 ETFLM 的性能更差。

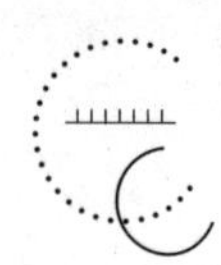

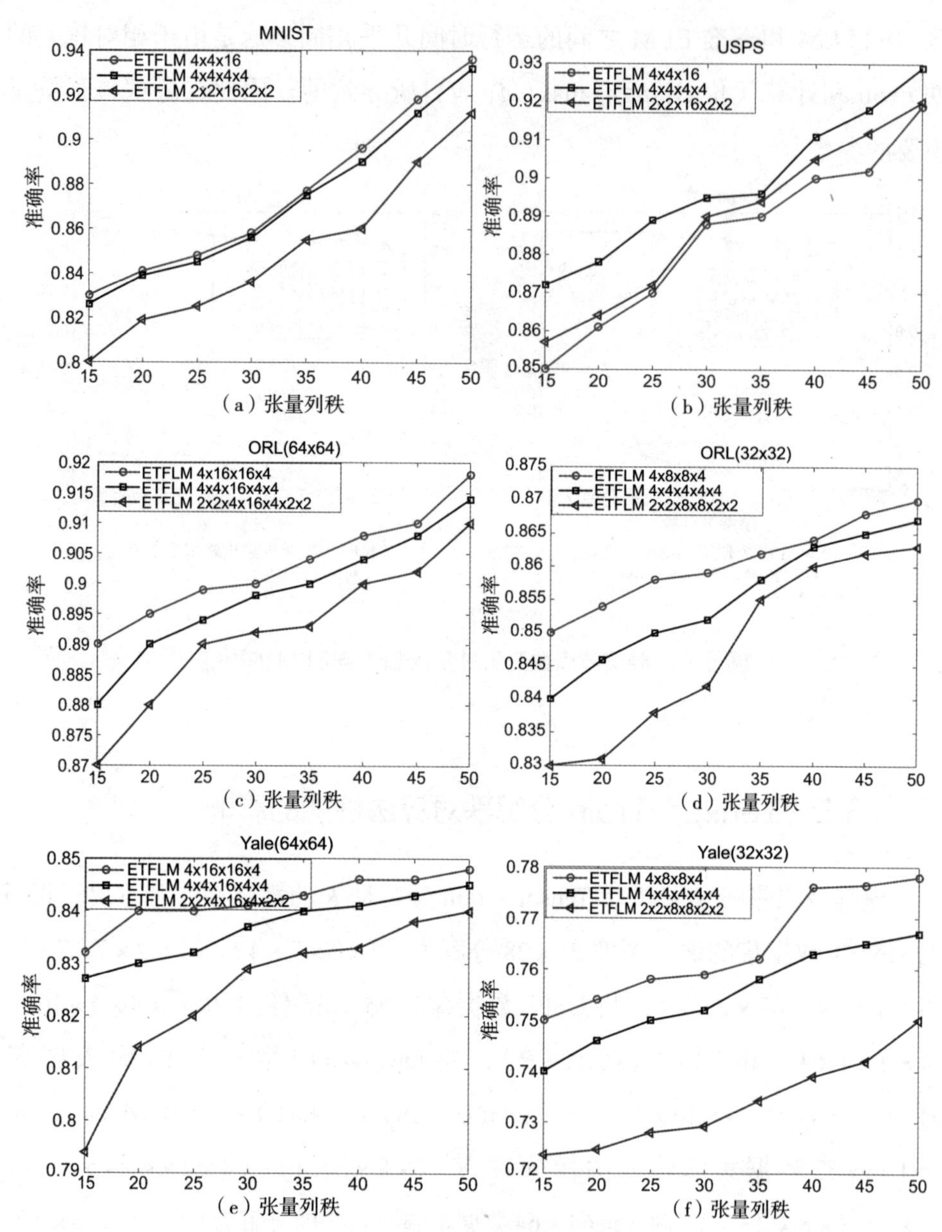

图 5-8　张量列秩对张量分解的准确率的影响

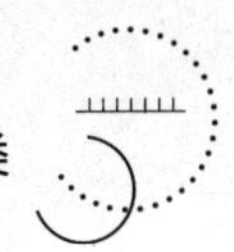

5.4　本章小结

张量列分解能有效克服复杂高维数据的“维数灾难”问题，而且其算法具有鲁棒性。将 Tensor-Train 格式融入极限学习机，其全连接层的稠密矩阵转换为低秩的高维张量，并分解为 Tensor-Train 格式，构建极限张量学习机，不仅能极大地减少模型参数，而且能保持表达力和精度不下降。

本章的主要创新点：以张量 Tucker 分解和单类支持向量机为基础建立了无监督张量 Tucker 学习机（OCSTuM），有效地解决了复杂高维数据的“数据灾难”问题，降低了计算复杂度和存储需求；针对传感器大数据存在大量的冗余信息，提出了 GA-OCSTuM 算法，实现了传感器大数据的特征选择和搜索最优的模型参数。

第 6 章　核支持张量环机

6.1　张量图形表示

从张量概念和符号可以看出，表示高阶张量的运算可能很复杂，尤其是当张量阶数非常高时。张量可以用具有不同边的节点进行表示，如图 6–1 所示。节点的边数量表示张量的阶数，每条线上的值表示该特定模式的维度。这样，张量的操作和张量分解（包括张量网络）可以直观地用不同节点的图表示，边表示不同张量之间的连接。图形表示方法极大地促进了基于张量的计算和相关研究的表示、理解和实现。例如，两个矩阵 $\boldsymbol{A}$î$\mathbb{R}^{I'J}$ 和 $\boldsymbol{B}$î$\mathbb{R}^{J'K}$ 的乘积图形表示如图 6–2 所示。

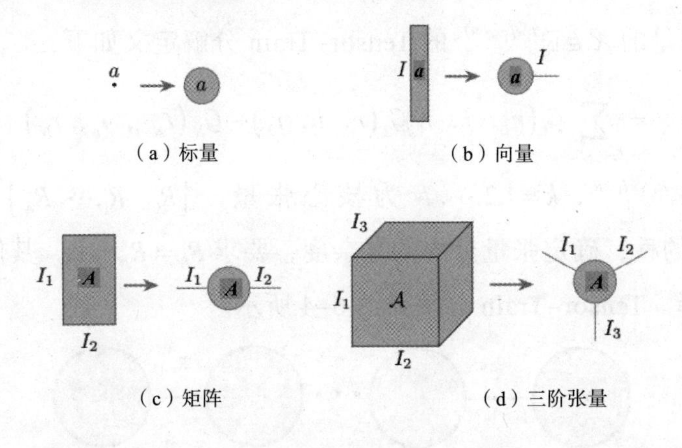

（a）标量　（b）向量

（c）矩阵　（d）三阶张量

图 6–1　张量的图形表示

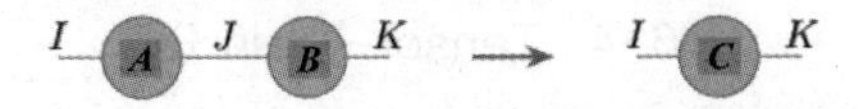

图 6–2　矩阵乘积的图形表示

张量收缩操作（Tensor Contraction）：一组张量中相同索引乘积的所有可能值之和。例如，两个张量 $\mathcal{X}\in\mathbb{R}^{I_1\times I_2\times I_3}$ 和 $\mathcal{Y}\in\mathbb{R}^{I_3\times I_4\times I_5}$ 的收缩操作生成一个 $I_1\times I_2\times I_4\times I_5$ 张量，如图 6–3 所示。

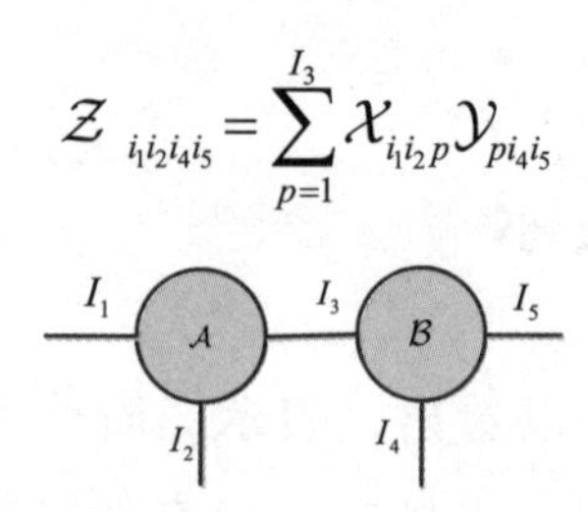

图 6-3　三阶张量收缩操作

6.2　Tensor-Train 分解和 Tensor-Ring 分解

N 阶张量的 $\mathcal{X} \in \mathbb{R}^{I_1 \times I_2 \times \cdots \times I_N}$ 的 Tensor-Train 分解定义如下：

$$\mathcal{X}_{i_1 i_2 \cdots i_N} = \sum_{r_0, \cdots, r_N} \mathcal{G}_1(r_0, i_1, r_1) \mathcal{G}_2(r_1, i_2, r_2) \cdots \mathcal{G}_N(r_{N-1}, i_N, r_N) \tag{6-1}$$

其中 $\mathcal{G}_k \in \mathbb{R}^{R_{k-1} \times I_k \times R_k}$，$k = 1,2,\cdots,N$ 为核心张量，$[R_0, R_1, \cdots, R_N]$ 是 Tensor-Train 张量的秩，确定张量分解的复杂度，要求 $R_0 = R_N = 1$，其他的秩由人工进行选择。Tensor-Train 分解如图 6-4 所示。

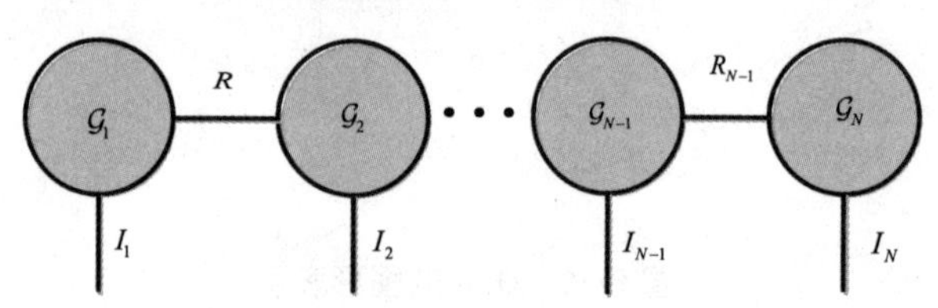

图 6-4　Tensor-Train 分解

Tensor-Train 张量分解的不足在于 $R_0 = R_N = 1$，这样限制了基于 Tensor-Train 模型的表达力。在 Tensor-Ring 分解中，第一个核心张量与最后一个核心张量相互连接起来构成一个环状结构，有利于克服 Tensor-Train 张量分解的不足。令 $R_0 = R_N = R$，Tensor-Ring 分解定义如下：

$$\mathcal{X}_{i_1 i_2 \cdots i_N} = \sum_{r_0 = r_N, \cdots, r_{N-1}} \mathcal{G}_1(r_0,\ i_1,\ r_1)\mathcal{G}_2(r_1,\ i_2,\ r_2)\cdots\mathcal{G}_N(r_{N-1},\ i_N,\ r_N) \tag{6-2}$$

Tensor-Ring 分解如图 6-5 所示。

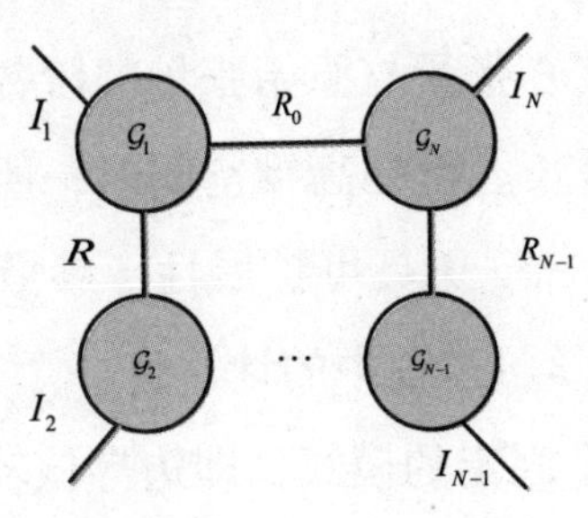

图 6-5　Tensor-Ring 分解

张量的纤维（Fiber）类似于矩阵行和列。纤维是只保留一个下标可变，固定其他所有下标不变而得到的一路阵列。三阶张量 $\mathcal{A} \in \mathbb{R}^{I \times J \times k}$ 的列纤维（Column Fiber）用 $a_{:jk}$ 表示，行纤维（Row Fiber）用 $a_{i:k}$ 表示，管纤维（Tube Fiber）用 $a_{ij:}$ 表示，如图 6-6 所示。

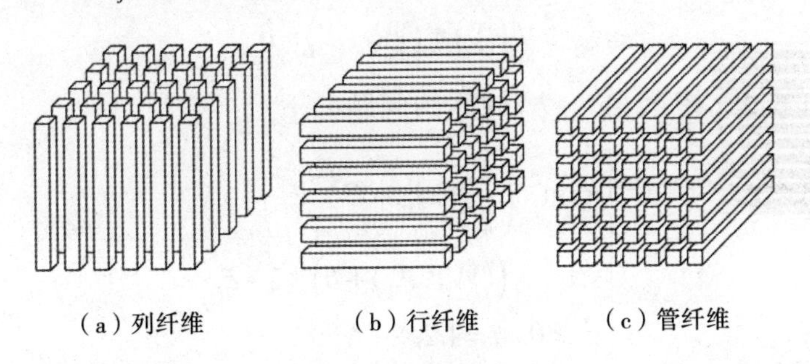

（a）列纤维　　（b）行纤维　　（c）管纤维

图 6-6　三阶张量的纤维

6.3　基于 Tensor-Ring 的核方法

虽然张量是表示真实世界数据的一种自然结构，但不能保证这种表示对于内核学习是有效的。基于以下原因，用 Tensor-Ring 来表示数据：

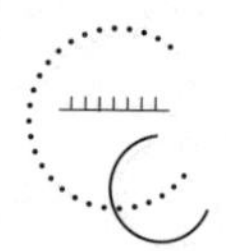

（1）现实生活中的数据通常包含冗余信息，这对内核学习没有帮助。Tensor–Ring 分解被证明可以有效地去除原始数据中的冗余信息，并提供更紧凑的数据表示。

（2）Tucker 分解的核心张量与原始张量的阶数相同，因此模型参数的数量将随其维数呈指数增长。当在高维空间时，所需的内存和计算复杂性将快速增长，而 Tensor–Ring 更具可扩展性（参数数量与张量阶数 d 呈线性增长），从而减少了核学习过程中的计算量。

（3）TT 秩总是有一个固定的模式，即边界核较小，中间核较大，这可能不是特定数据张量的最佳模式。

（4）数据为 TR 格式时可以方便地在不同的张量模型上执行不同的操作。由于 TR 分解将原始数据分解为多个 TR 核，因此可以在不同的 TR 核上应用不同的核函数以获得更好的分类性能。

给定一个张量数据集 $\boldsymbol{T}=\{(\mathcal{X}_1,\ y_1),(\mathcal{X}_2,\ y_2),\cdots,(\mathcal{X}_N,\ y_N)\}$，其中 $y_i\in\{1,-1\}$，$\mathcal{X}_i\in\mathbb{R}^{I_1\times I_2\times\cdots\times I_m}$。分离超平面定义如下：

$$f(\mathcal{X})=\langle\mathcal{W},\ \mathcal{X}\rangle+b \tag{6-3}$$

公式（6–3）参数 $(\mathcal{W},\ b)$ 的原始问题如下：

$$\begin{cases}\min\limits_{w,\ b,\ \xi}\ \left(\dfrac{1}{2}\|\mathcal{W}\|_F^2+C\sum\limits_{i=1}^{N}\xi_i\right)\\ \text{s.t.}\ \ y_i(\langle\mathcal{W},\ \mathcal{X}_i\rangle+b)\geqslant 1-\xi_i\\ \xi_i\geqslant 0,\ i=1,2,\cdots,N\end{cases} \tag{6-4}$$

类似于向量空间的支持向量机对偶问题，我们能推导出张量空间中公式（6–4）的对偶问题公式（6–5）：

$$\begin{cases}\min\limits_{\alpha}\ \left(\dfrac{1}{2}\sum\limits_{i=1}^{N}\sum\limits_{j=1}^{N}\alpha_i\alpha_j y_i y_j\langle\mathcal{X}_i,\ \mathcal{X}_j\rangle-\sum\limits_{i=1}^{N}\alpha_i\right)\\ \text{s.t.}\ \ \sum\limits_{i=1}^{N}\alpha_i y_i=0\\ 0\leqslant\alpha_i\leqslant C,\ i=1,2,\cdots,N\end{cases} \tag{6-5}$$

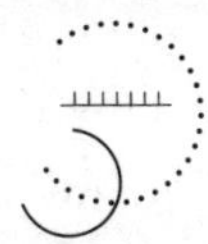

通过非线性变换将输入张量空间映射到 Hilbert 空间，公式（6–5）目标函数中内积 $\langle \mathcal{X}_i, \mathcal{X}_j \rangle$ 用核函数 $K(\mathcal{X}_i, \mathcal{X}_j) = \phi(\mathcal{X}_i) \cdot \phi(\mathcal{X}_j)$ 代替，我们得到公式（6–6）：

$$\begin{cases} \min\limits_{\alpha} \left(\dfrac{1}{2} \sum\limits_{i=1}^{N} \sum\limits_{j=1}^{N} \alpha_i \alpha_j y_i y_j K(\mathcal{X}_i, \mathcal{X}_j) - \sum\limits_{i=1}^{N} \alpha_i \right) \\ \text{s.t.} \ \sum\limits_{i=1}^{N} \alpha_i y_i = 0 \\ 0 \leqslant \alpha_i \leqslant C, \ i = 1,2,\cdots,N \end{cases} \tag{6–6}$$

我们需要解决的关键任务是定义一个张量核函数 $K(\mathcal{X}_i, \mathcal{X}_j)$，该函数在原始数据空间中计算内积而不是在特征空间。

张量纤维（Tensor Fiber）内积乘积能导致信息丢失 / 误解，如线性核，相同模式的两条张量纤维之间的内积可能为负，意味着这两条张量纤维之间的相似度较低。纤维内积的连续乘法产生的大负值可能导致较大的正值。在这种情况下，总体相似性为高，这显然是不需要的。对于高斯 RBF 来说，两条不相似的张量纤维为一个接近零的值，这可能会对最终结果产生很大影响。

我们通过公式（6–7）将每个张量环分解核中的所有纤维映射到特征空间，如公式（6–8）。

$$\Phi(\cdot) : \mathbb{R}^{I_i} \to \mathbb{R}^{H_I}, \ i = 1,2,\cdots,n \tag{6–7}$$

$$\begin{aligned} &\Phi\left[\mathcal{X}^{(i)}(r_i, \cdots, r_{i+1}) \right] \in \mathbb{R}^{H_i} \\ &1 < r_i < R_i, 1 < r_{i+1} < R_{i+1}, \ i = 1,2,\cdots,n \end{aligned} \tag{6–8}$$

其中 $\mathcal{X}^{(i)}$ 是第 i 个张量环核，而 R_i 则是它的秩。由于秩下标 r_i、r_{i+1} 固定为特定值，每个核的纤维都是向量，因此特征映射的工作方式与传统 SVM 相同。我们将在张量特征空间中得到的高维 TT 表示为 $\Phi[TR(\mathcal{X})] \in \mathbb{R}^{H_1 \times \cdots \times H_d}$。$\Phi[TR(\mathcal{X})]$ 仍然是 TR 格式，与 $TR(\mathcal{X})$ 具有相同的秩。从这个意义上讲，TR 格式的数据结构在特征映射后被保留下来。

在将 TR 格式数据映射到基于 TQR 的高维特征空间后，我们提出了使用核函数计算两个映射 TT 格式数据之间的内积，定义连续加核函数如公式（6–9）：

$$
\begin{aligned}
&K\left[TR\left(\mathcal{X}_i\right),\ TR\left(\mathcal{X}_j\right)\right] \\
&=\sum_{r_1=1}^{R}\sum_{r_2=1}^{R_2}\cdots\sum_{r_{N-1}=1}^{R_{N-1}}\sum_{r_N=1}^{R} \\
&\quad\sum_{\widehat{r_1}=1}^{\widehat{R}}\sum_{\widehat{r_2}=1}^{\widehat{R_2}}\cdots\sum_{\widehat{r}_{N-1}=1}^{\widehat{R}_{N-1}}\sum_{\widehat{r_N}=1}^{\widehat{R}} \\
&\left\{\sum_{n=1}^{N}K_n\left[\mathcal{X}_i^{(n)}\left(r_n,\cdots,r_{n+1}\right),\ \mathcal{X}_j^{(n)}\left(\widehat{r_n},\cdots,\widehat{r_{n+1}}\right)\right]\right\}
\end{aligned}
\tag{6–9}
$$

基于公式（6–9），我们可以得到如下 TRD 的核优化问题：

$$
\begin{cases}
\min\limits_{\alpha}\ \left\{\dfrac{1}{2}\sum\limits_{i=1}^{N}\sum\limits_{j=1}^{N}\alpha_i\alpha_j y_i y_j K\left[TR\left(\mathcal{X}_i\right),\ TR\left(\mathcal{X}_j\right)\right]-\sum\limits_{i=1}^{N}\alpha_i\right\} \\
\text{s.t.}\ \ \sum\limits_{i=1}^{N}\alpha_i y_i=0 \\
0\leqslant\alpha_i\leqslant C,\ \ i=1,2,\cdots,N
\end{cases}
\tag{6–10}
$$

模型的未知参数可通过求解公式（6–10）得到。这样，决策函数可以表示为：

$$
f\left(\mathcal{X}\right)=\operatorname{sign}\left\{\sum_{n=1}^{N}\alpha_n y_n K\left[TR\left(\mathcal{X}\right),\ TR\left(\mathcal{X}_n\right)\right]+b\right\}
\tag{6–11}
$$

6.4 实验研究

为了评估 KSTRM 的分类性能，在真实的张量数据集上将其与以下算法进行了比较。

（1）SVM：基于向量的 SVM 是应用最广泛的两分类方法。由于所提出的 KSTRM 是 SVM 的张量版本，因此我们将与 SVM 做比较实验。使用 Matlab 凸优化工具箱 CVX 来解决二次规划问题。

（2）STuM：将基于向量的支持向量机扩展到支持张量机框架，并利用 tucker 分解。

（3）STTM：假设权值张量是一个可伸缩的张量序列，这使 STTM 能够处理高维数据分类。SVM、STuM 和 STTM 都是基于张量的线性分类器。在少量样本时，有时线性分类器比非线性分类器获得更好的分类精度，线性分类器通常不太复杂且更稳定，因此比非线性分类器能更好地进行训练。

SVM 和 KSTRM 采用高斯 RBF 核。通过网格搜索得到超参数 RBF 核参数、STuM 和 KSTRM 的张量秩。所有实验均在 Matlab 2015b 环境中进行。

超参数 C 和 σ 的搜索范围分别为 $\{10^{-9},10^{-8},\cdots,10^{8},10^{9}\}$ 和 $\{10^{-8},\cdots,10^{8}\}$，张量列（tensor-train）的秩 $R_2=\{5,10,\cdots,80\}$ 和 $R_3=\{1,2,\cdots,50\}$，张量环的秩 R_2 和 R_3 与张量列相同，其秩 R 为 $\{1,2,\cdots,8\}$。实验过程中使用了 TT 工具箱、TR 工具箱和 LIBSVM。

6.4.1　MNIST 数据集

MNIST 数据集：由 0 到 9 个手写数字组成，广泛用于分类模型评估。该训练集由 250 个不同的人手写的数字组成，包含 60 万幅图像，其中 50% 是高中生手写的，50% 是人口普查局的工作人员手写的。测试集包含 1 000 幅图像和相同比例的手写数字数据。每个样本是一个 28×28 的灰度图像。每个类别随机抽取 60 个样本进行模型训练，随机选择 6 个数字对来测试分类精度。

MNIST 上的测试结果如表 6-1 所示。STTM 和 STuM 在实际数据集上无法获得更好的分类精度。主要原因是它们是线性模型。与 TTM 和 STuM 相比，SVM 取得了较好的性能。KSTRM 的分类精度略高于支持向量机，这是因为 MNIST 是一个小数据集，维度为 $28\times28=784$。因此，支持向量机不会遇到维数灾难和过度拟合的问题。张量方法的优势是处理高维问题时优势更明显。因此，我们在第二个实验中考虑 fMRI 功能磁共振成像数据，其维度高于 32k。

表6-1 不同算法对MNIST数字对的测试精度

基准	数字对								
	{'2','4'}	{'2','7'}	{'5','1'}	{'7','8'}	{'5','8'}	{'4','6'}	{'1','7'}	{'3','6'}	{'3','8'}
SVM	0.982 1	0.963 6	0.984 2	0.946 5	0.870 6	0.971 7	0.975 6	0.976 8	0.968 5
STTM	0.975 6	0.954 7	0.976 7	0.950 6	0.887 6	0.972 5	0.978 4	0.970 5	0.966 4
STuM	0.974 7	0.954 6	0.970 5	0.958 5	0.890 7	0.976 5	0.978 6	0.971 5	0.968 9
KSTRM	0.990 6	0.976 9	0.990 8	0.968 6	0.924 2	0.982 2	0.984 2	0.987 9	0.985 2

6.4.2 CIFAR-10 数据集

CIFAR-10 数据集是 8 000 万个微图像数据集的子集。这是一个包含 60 000 张图片的数据集，有 10 个不同的类别。训练集中有 50 000 张图片，测试集中有 10 000 张图片。每张照片都是彩色照片。每个像素包括三个 RGB 值，范围从 0 ~ 255。从每个班对的训练集中随机抽取 60 个样本进行模式训练。

所有算法在 CIFAR-10 上的测试结果如表 6-2 所示。从表 6-2 可以看出，KSTRM 的性能是测试对上的最佳分类精度。由于 STTM 和 STuM 是线性模型，这两种算法在大多数数据对上的分类性能较差。

表6-2 不同算法对CIFAR-10的测试精度

基准	分类对								
	汽车，猫	鸟，鹿	鸟、马	狗，船	狗，马	鹿，船	鹿，蛙	卡车，船	卡车，狗
SVM	0.762 4	0.590 3	0.786 4	0.771 5	0.750 7	0.822 6	0.755 3	0.772 8	0.807 1
STTM	0.702 6	0.585 2	0.764 2	0.764 5	0.727 5	0.820 4	0.732 6	0.770 4	0.789 2
STuM	0.708 6	0.571 8	0.770 3	0.763 2	0.738 5	0.831 7	0.742 3	0.768 9	0.790 2
KSTRM	0.784 5	0.651 4	0.826 2	0.801 6	0.790 4	0.840 8	0.802 5	0.801 6	0.826 5

6.5 结论

本书提出了一种基于张量环的核技巧，并设计了一种核支持张量环机（KSTRM），大量实验证明了KSTRM在小样本情况下用于张量数据分类的优越性。具体来说，将张量环和核方法用于支持向量机。并构造了一个基于TR分解的核函数。在实际的张量数据集上进行了实验，证实了STRM优于SVM、STuM和STTM。

基于TRD和SVM的核函数设计方法有待进一步探索。张量模型之间存在着某种关系，因此，需要进一步研究一种核张量来代替核矩阵。另一个研究方向是将TRD应用于统计学习和深度神经网络学习。

第 7 章　结论与展望

7.1 研究总结

本书将张量分解方法引入传统向量机器学习和神经网络中，并利用了智能优化算法，设计了新型张量学习模型和相应算法，取得的探索性成果总结如下：

（1）以矩阵分析和张量代数为数学工具，深入分析和研究 SVDD 算法优缺点，以此为基础，并应用张量 CP 分解得到支持张量数据描述算法。针对感知张量数据的异常检测，将 SVDD 拓展到张量，并融合张量分解，提出了 STDD 及 KSTDD。运用张量的 CP 分解对多路数据集进行分解，然后将其映射到张量特征空间，以建立结构保持的高阶核。张量核函数较好地解决了非线性可分问题，而且求解张量核函数也不复杂，计算量少。

（2）运用张量 Tucker 分解，将单类支持向量机从向量空间扩展到张量空间，提出无监督张量 Tucker 学习机（OCSTuM），并将其应用于检测传感器大数据异常检测问题。耗时的迭代方法是 OCSTuM 学习算法效率低的主要原因，为了解决这一问题，提出了 GA-OCSTuM 算法，利用遗传算法同时进行传感器大数据的特征选择和搜索最优的模型参数。

（3）极限学习机及其变异学习算法显示良好的性能，但是，当这些模型处理高维数据时，需要大量的内存，限制了模型在资源有限的硬件设备中的应用。以神经网络为理论基础，将其权值矩阵转化成高维张量表示，应用张量 Tensor-Train 分解低秩逼近原始张量，构建 Tensor-Train 层，该层取代神经网络模型中的输入层到隐含层的权值矩阵。

7.2 研究展望

本书虽然对张量学习理论及其应用做了较为深入的探索，并获得了一

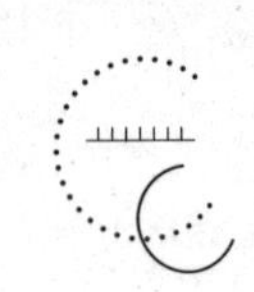

定的研究成果。但是，目前国际上刚刚兴起研究张量学习，还存在许多理论和应用问题值得我们进行深入的探索。总结起来，主要存在以下几个研究点：

（1）本书研究了极限张量学习算法，还可以进一步研究张量分解理论与神经网络相结合，特别是深度学习，形成张量神经网络，用于解决各种实际问题。

（2）大规模分布式张量学习方法研究。根据物联网多模态数据模型，针对复杂物联网环境中数据质量、复杂多样的关联及通信节能和多源异构等问题，并结合多个数据源的互补信息，研究随机化方法与 CP 分解、核心张量可变的 Tucker 分解和 Tensor-Train 分解。研究面向物联网大数据的梯度下降（stochastic gradient descent）随机化算法的张量分解理论。

（3）针对大数据，进行探索研究大规模张量分解的超高维数据结构化表示与分析方法以及张量分解理论结合随机化算法等。

（4）将张量学习方法应用到机械故障诊断、化工故障诊断、网络安全、智能医疗、传感器网络等实际问题中。

参考文献

[1] 王伟 . 计算机科学前沿技术 [M]. 北京 : 清华大学出版社 , 2012.

[2] 李丹 , 耿金坤 . 大规模机器学习网络研究 [J]. 中国计算机学会通讯 , 2018, 14(10): 60–63.

[3] 张丽梅 , 乔立山 , 陈松灿 . 基于张量模式的特征提取及分类器设计综述 [J]. 山东大学学报 (工学版), 2009, 39(1): 6–14.

[4] SHASHUA A, LEVIN A. Linear Image Coding for Regression and Classification Using the Tensor–rank Principle[C]. Proceedings of the 2001 IEEE Computer Society Conference on Computer Vision and Pattern Recognition. IEEE, 2001, 1: I.

[5] TAO D, LI X, HU W, et al. Supervised Tensor Learning[C]. Fifth IEEE International Conference on Data Mining. IEEE, 2005: 8–11.

[6] 张道强 , 陈松灿 . 高维数据降维方法 [J]. 中国计算机学会通讯 , 2008, 8(5): 15–22.

[7] BISHOP C M, NASRABADI N M. Pattern Recognition and Machine Learning [M]. New York: Academic Press, 2006: 25–47.

[8] CAI D, HE X F, HAN J. Learning with Tensor Representation [R]. IUCDCS–R, 2006.

[9] TAO D, LI X, WU X, et al. Supervised Tensor Learning [J]. Knowledge & Information Systems, 2007, 13(1): 1–42.

[10] CORTES C, VAPNIK V. Support Vector Networks[J]. Machine Learning, 1995, 20(3): 273–297.

[11] SCHÖLKOPF B, SMOLA A J, Williamson R C, et al. New Support Vector Algorithms[J]. Neural Computation, 2000, 12(5): 1207–1245.

[12] KOTSIA I, PATRAS I. Support Tucker Machines[C]. Proceedings of the 2011 IEEE Computer Society Conference on Computer Vision and Pattern Recognition. IEEE, 2011: 633–640.

[13] KOTSIA I, GUO W, PATRAS I. Higher Rank Support Tensor Machines for Visual Recognition[J]. Pattern Recognition, 2012, 45(12): 4192–4203.

[14] HAO Z, HE L, CHEN B, et al. A Linear Support Higher–order Tensor Machine for Classification[J]. IEEE Transactions on Image Processing, 2013, 22(7): 2911–2920.

[15] ZHAO Q, ZHOU G, ADALL T, etc. Kernel–based Tensor Partial Least Squares for Reconstruction of Limb Movements[C]. Acoustics, Speech and Signal

Processing. IEEE, 2013: 3577–3581.

[16] HE L, KONG X, YU P S, etc. Dusk: A Dual Structure–Preserving Kernel for Supervised Tensor Learning with Applications to Neuroimages[C].Proceedings of 2014 SIAM International Conference on Data Mining Society for Industrial and Applied Mathematics, 2014: 127–135.

[17] ERFANI S M, BAKTASHMOTLAGH M, Rajasegarar S, etc.R1STM: One–class Support Tensor Machine with Randomised Kernel[C].Proceedings of 2016 SIAM International Conference on Data Mining. Society for Industrial and Applied Mathematics, 2016: 198–206.

[18] ROGERS M, LI L, RUSSELL S J. Multilinear Dynamical Systems for Tensor Time Series[C]. Advances in Neural Information Processing Systems. Neural Information Processing Systems Foundation, 2013: 2634–2642.

[19] BAHADORI M T, YU Q R, Liu Y. Fast Multivariate Spatio–temporal Analysis via Low Rank Tensor Learning[C].Advances in Neural Information Processing Systems. Neural Information Processing Systems Foundation, 2014: 3491–3499.

[20] FRIEDLAND S, LI Q, SCHONFELD D. Compressive Sensing of Sparse Tensors[J]. IEEE Transactions Image Processing, 2014, 23(10): 4438–4447.

[21] BOCHE H, CALDERBANK R, KUTYNIOK G, et al. Compressed Sensing and Its Applications[M].Berlin: Springer International Publishing, 2015.

[22] BERNAL E A, LI Q. Hybrid Vectorial and Tensorial Compressive Sensing for Hyperspectral imaging[C]. Acoustics, Speech and Signal Processing. IEEE, 2015: 2454–2458.

[23] LI Q, BERNAL E A. Hybrid Tenso–vectorial Compressive Sensing for Hyperspectral Imaging[J]. Journal of Electronic Imaging, 2016, 25(3): 1–14.

[24] CICHOCKI A. Era of Big Data Processing: A New Approach via Tensor Networks and Tensor Decompositions[J]. preprint arXiv, 2014: 1403–2048.

[25] STOUDENMIRE E, SCHWAB D J. Supervised Learning with Tensor Networks[C]. Advances in Neural Information Processing Systems. Neural Information Processing Systems Foundation, 2016: 4799–4807.

[26] HE L, LU C T, DING H, et al. Multi–way Multi–level Kernel Modeling for Neuroimaging Classification[C].Proceedings of the IEEE Conference on Computer Vision and Pattern Recognition. IEEE, 2017: 356–364.

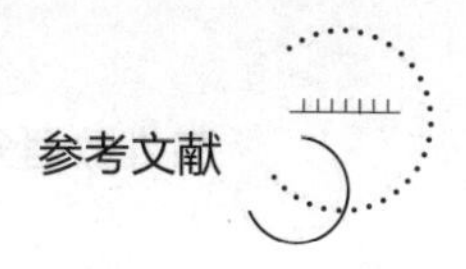

[27] KOLDA T G, BADER B W. Tensor Decompositions and Applications[J]. SIAM Review, 2009, 51(3): 455–500.

[28] KOLDA T G. Multilinear Operators for Higher–order Decompositions[R]. Sandia National Laboratories, 2006.

[29] 张贤达 . 矩阵分析与应用 [M].2 版 . 北京 : 清华大学出版社 , 2013: 416–447.

[30] LU H, PLATANIOTIS K N, Venetsanopoulos A N. MPCA: Multilinear Principal Component Analysis of Tensor Objects[J]. IEEE Transactions on Neural Networks and Learning Systems, 2008, 19(1): 18–39.

[31] SUN Y, JANEJA V. STOUT: Spatio–Temporal Outlier Detection Using Tensors[C]. Proceedings of the international Conference on Knowledge Discovery and Data Mining. ACM, 2014: 21–29.

[32] DENG X, JIANG P, PENG X, et al. Support High–Order Tensor Data Description for Outlier Detection in High–Dimensional Big Sensor Data[J]. Future Generation Computer Systems, 2018(81): 177–187.

[33] TAX D M J, DUIN R P W. Support Vector Data Description[J]. Machine Learning, 2004, 54(1): 45–66.

[34] TAX D M J, DUIN R P W. Support Vector Domain Description[J]. Pattern Recognition Letters, 1999, 20(11): 1191–1199.

[35] CHEN G, ZHANG X, WANG Z J, et al. Robust Support Vector Data Description for Outlier Detection with Noise or Uncertain Data[J]. Knowledge–Based Systems, 2015(90): 129–137.

[36] LEE K Y, KIM D W, LEE K H, et al. Density–Induced Support Vector Data Description[J]. IEEE Transactions on Neural Networks and Learning Systems, 2007, 18(1): 284–289.

[37] LIU B, XIAO Y, CAO L, et al. SVDD–Based Outlier Detection on Uncertain Data[J]. Knowledge and Information Systems, 2013, 34(3): 597–618.

[38] WANG C D, Lai J. Position Regularized Support Vector Domain Description[J]. Pattern Recognition, 2013, 46(3): 875–884.

[39] CHA M, KIM J S, BAEK J G. Density Weighted Support Vector Data Description[J]. Expert Systems with Applications, 2014, 41(7): 3343–3350.

[40] KRIEGEL H P, ZIMEK A. Angle–Based Outlier Detection in High–Dimensional Data[C]. Proceedings of the 14th International Conference on Knowledge

Discovery and Data Mining. ACM, 2008: 444–452.

[41] ANGIULLI F, BASTA S, PIZZUTI C. Distance–Based Detection and Prediction of Outliers[J]. IEEE Transactions on Knowledge and Data Engineering, 2006, 18(2): 145–160.

[42] JIANG Y, ZENG C, XU J, et al. Real Time Contextual Collective Anomaly Detection over Multiple Data Streams[C]. Proceedings of the ODD, ACM, 2014: 23–30.

[43] SIGNORETTO M, DE LATHAUWER L, Suykens J A K. A Kernel–Based Framework to Tensorial Data Analysis[J]. Neural Networks, 2011, 24(8): 861–874.

[44] HUANG G B, ZHU Q Y, SIEW C K. Extreme Learning Machine: Theory and Applications[J]. Neurocomputing, 2006, 70(1): 489–501.

[45] HUANG G B, ZHOU H, DING X, et al. Extreme Learning Machine for Regression and Multiclass Classification[J]. IEEE Transactions on Systems, Man, and Cybernetics, Part B (Cybernetics), 2012, 42(2): 513–529.

[46] HUANG G, HUANG G B, SONG S, et al. Trends in Extreme Learning Machines: a Review[J]. Neural Networks, 2015, 61: 32–48.

[47] TANG J, DENG C, HUANG G B. Extreme Learning Machine for Multilayer Perceptron[J]. IEEE Transactions on Neural Networks and Learning Systems, 2016, 27(4): 809–821.

[48] MOHAMMED A, MINHAS R, Wu Q M J, et al. Human Face Recognition Based on Multidimensional PCA and Extreme Learning Machine[J]. Pattern Recognition, 2011, 44(10): 2588–2597.

[49] PAN C, PARK D S, Yang Y, et al. Leukocyte Image Segmentation by Visual Attention and Extreme Learning Machine[J]. Neural Computing and Applications, 2012, 21(6): 1217–1227.

[50] MINHAS R, BARADARANI A, SEIFZADEH S, et al. Human Action Recognition Using Extreme Learning Machine Based on Visual Vocabularies[J]. Neurocomputing, 2010, 73(10/11/12): 1906–1917.

[51] DING S, ZHAO H, Zhang Y, et al. Extreme Learning Machine: Algorithm, Theory and Applications[J]. Artificial Intelligence Review, 2015, 44(1): 103–115.

[52] BARTLETT P L. For Valid Generalization, the Size of the Weights is More Important Than the Size of the Network[C]. Advances in Neural Information Processing Systems. Neural Information Processing Systems Foundation, 1997: 134–140.

[53] YU Q, MICHE Y, EIROLA E, et al. Regularized Extreme Learning Machine for Regression with Missing Data[J]. Neurocomputing, 2013, 102: 45–51.

[54] KATSIKIS V N, PAPPAS D. Fast Computing of the Moore–Penrose Inverse Matrix[J]. Electronic Journal of Linear Algebra, 2008, 17(1): 637–650.

[55] BEN–ISRAEL A, GREVILLE T N E. Generalized Inverses: Theory and Applications[M]. Berlin: Springer Science & Business Media, 2003.

[56] GOLUB G H, VAN LOAN C F. Matrix Computations[M]. Baltimore: JHU Press, 2012.

[57] DENG W, ZHENG Q, CHEN L. Regularized Extreme Learning Machine[C]. IEEE Symposium on Computational Intelligence and Data Mining. IEEE, 2009: 389–395.

[58] JAVED K, GOURIVEAU R, ZERHOUNI N. SW–ELM: A Summation Wavelet Extreme Learning Machine Algorithm with a Priori Parameter Initialization[J]. Neurocomputing, 2014, 123: 299–307.

[59] MICHE Y, SORJAMAA A, BAS P, et al. OP–ELM: Optimally Pruned Extreme Learning Machine[J]. IEEE Transactions on Neural Networks and Learning Systems, 2010, 21(1): 158–162.

[60] DENG W Y, ONG Y S, ZHENG Q H. a Fast Reduced Kernel Extreme Learning Machine[J]. Neural Networks, 2016(76): 29–38.

[61] DENG W Y, BAI Z, HUANG G B, et al. A Fast SVD–Hidden–Nodes Based Extreme Learning Machine for Large–scale Data Analytics[J]. Neural Networks, 2016, 77: 14–28.

[62] DING S, GUO L, HOU Y. Extreme Learning Machine with Kernel Model Based on Deep Learning[J]. Neural Computing and Applications, 2017, 28(8): 1975–1984.

[63] FLETCHER R. Practical Methods of Optimization[M].New York: John Wiley & Sons, 2013.

[64] FRÉNAY B, VERLEYSEN M.Using SVMs with Randomised Feature Spaces:

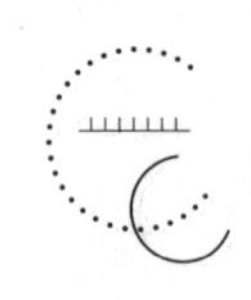

an Extreme Learning Approach[C]. The 18th European Symposium on Artificial Neural Networks–Computational Intelligence and Machine Learning. Elsevier, 2010: 28–30.

[65] IOSIFIDIS A, TEFAS A, PITAS I. Approximate Kernel Extreme Learning Machine for Large Scale Data Classification[J]. Neurocomputing, 2017(219): 210–220.

[66] NOVIKOV A, PODOPRIKHIN D, OSOKIN A, et al. Tensorizing Neural Networks[C]. Advances in Neural Information Processing Systems. Neural Information Processing Systems Foundation, 2015: 442–450.

[67] HOLTZ S, ROHWEDDER T, SCHNEIDER R. The Alternating Linear Scheme for Tensor Optimization in the Tensor Train Format[J]. SIAM Journal on Scientific Computing, 2012, 34(2): A683–A713.

[68] OSELEDETS I V, DOLGOV S V. Solution of Linear Systems and Matrix Inversion in the TT–Format[J]. SIAM Journal on Scientific Computing, 2012, 34(5): A2718–A2739.

[69] LECUN Y L, BOTTOU L, BENGIO Y, et al. Gradient–Based Learning Applied to Document Recognition[C]. Proceedings of the IEEE. IEEE, 1998: 2278–2324.

[70] BACHE K, LICHMAN M. UCI Machine Learning Repository [EB/OL]. (2013–10–11)[2020–06–12].http: //archive.ics.uci.edu/ml.

[71] HINTON G E, OSINDERO S, TEH Y W. A Fast Learning Algorithm for Deep Belief Nets[J]. Neural Computation, 2006, 18(7): 1527–1554.

[72] ASA.Section on Statistical Computing, Data expo 2009[EB/OL].http: //stat–computing.org/dataexpo/2009/, 2014.

[73] CANDANEDO L.Occupancy detection dataset[EB/OL].(2016–02–28)[2018–06–12].http//archive.ics.uci.edu/ml/datasets/Occupancy+Detection.

[74] SAVERIO V. Air Quality dataset[EB/OL].(2016–03–24)[2019–06–12].http: //archive.ics.uci.edu/ml/datasets/Air+Quality.

[75] LU H, PLATANIOTIS K N, Venetsanopoulos A N. A Survey of Multilinear Subspace Learning for Tensor Data[J]. Pattern Recognition, 2011, 44(7): 1540–1551.

[76] KILMER M E, MARTIN C D. Factorization Strategies for Third–Order Tensors[J]. Linear Algebra and its Applications, 2011, 435(3): 641–658.

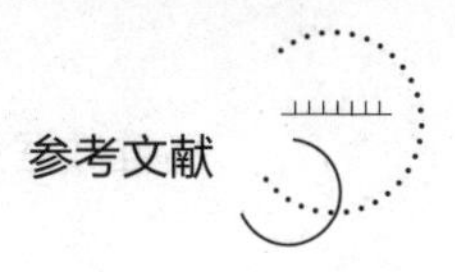

[77] DE SILVA V, LIM L H. Tensor Rank and the Ill–Posedness of the Best Low–Rank Approximation Problem[J]. SIAM Journal on Matrix Analysis and Applications, 2008, 30(3): 1084–1127.

[78] Intel Lab.Montes dataset[EB/OL]. (2004–04–15)[2020–06–12].http: //db.csail.mit.edu/labdata/labdata.html.

[79] 邱光辉 . 基于粗糙集与分类算法的网络异常行为检测技术研究 [D]. 绵阳 : 中国工程物理研究院 , 2016.

[80] 郭炜炜 . 基于张量表示的多维信息处理方法研究 [D]. 长沙 : 国防科技大学 , 2014.

[81] 尹芳黎 , 杨雁莹 , 王传栋 , 等 . 矩阵奇异值分解及其在高维数据处理中的应用 [J]. 数学的实践与认识 , 2011, 41(15): 171–177.

[82] HITCHCOCK F. The Expression of a Tensor or a Polyadic as a Sum of Products[J]. Studies in Applied Mathematics, 1927, 6(1/2/3/4): 164–189.

[83] HITCHCOCK F L. Multiple Invariants and Generalized Rank of a P–Way Matrix or Tensor[J]. Journal of Mathematics and Physics, 1928, 7(1/2/3/4): 39–79.

[84] HILLAR C J, LIM L H. Most Tensor Problems are NP–Hard[J]. Journal of the ACM (JACM), 2013, 60(6): 20–45.

[85] TUCKER L R. Implications of Factor Analysis of Three–Way Matrices for Measurement of Change[J]. Problems in Measuring Change, 1963(15): 122–137.

[86] TUCKER L R. The Extension of Factor Analysis to Three–Dimensional Matrices[J]. Contributions to Mathematical Psychology, 1964(14): 110–119.

[87] TUCKER L R. Some Mathematical Notes on Three–Mode Factor Analysis[J]. Psychometrika, 1966, 31(3): 279–311.

[88] SIMONYAN K, ZISSERMAN A. Very Deep Convolutional Networks for Large–Scale Image Recognition[J]. arXiv preprint arXiv, 2014: 409, 1556.

[89] CHIEN J T, BAO Y T. Tensor–Factorized Neural Networks[J]. IEEE Transactions on Neural Networks and Learning Systems, 2018, 29(5): 1998–2011.

[90] BAO Y T, CHIEN J T. Tensor Classification Network[C]. IEEE International Workshop on Machine Learning for Signal Processing. IEEE, 2015: 237–245.

[91] ZHANG Q, YANG L T, LIU X, et al. A Tucker Deep Computation Model for Mobile Multimedia Feature Learning[J]. ACM Transactions on Multimedia Computing, Communications, and Applications (TOMM), 2017, 13(3s): 39.

[92] ZHANG Q, YANG L T, CHEN Z, et al. A Tensor–Train Deep Computation Model for Industry Informatics Big Data Feature Learning[J]. IEEE Transactions on Industrial Informatics, 2018, 14(7): 3197–3204.

[93] ZHANG Q, YANG L T, CHEN Z, et al. An Improved Deep Computation Model Based on Canonical Polyadic Decomposition[J]. IEEE Transactions on Systems Man & Cybernetics Systems, 2017(99): 1–10.

[94] GAO J , GUO Y , WANG Z . Matrix Neural Networks[J/OL]. (2016–12–09) [2019–06–12]. [1601.03805v2] Matrix Neural Networks (arxiv.org).

[95] HUANG H, YU H. LTNN: A Layerwise Tensorized Compression of Multilayer Neural Network[J]. IEEE Transactions on Neural Networks and Learning Systems, 2019, 30(5): 1497–1511.

[96] HOLTZ S, ROHWEDDER T, SCHNEIDER R. The Alternating Linear Scheme for Tensor Optimization in the Tensor Train Format[J]. SIAM Journal on Scientific Computing, 2012, 34(2): A683–A713.

[97] GARIPOV T, PODOPRIKHIN D, NOVIKOV A, et al. Ultimate Tensorization: Compressing Convolutional and FC Layers A like[J/OL]. (2016–11–10) [2019–06–12]. https://arxiv.org/abs/1611.03214.

[98] TJANDRA A, SAKTI S, NAKAMURA S. Compressing Recurrent Neural Network with Tensor Train[C]. 2017 International Joint Conference on Neural Networks. IEEE, 2017: 4451–4458.

[99] BAI M, ZHANG B, GAO J. Tensorial Recurrent Neural Networks for Longitudinal Data Analysis[J/OL]. (2017–08–01) [2019–06–12]. https://arxiv.org/abs/1708.00185.

[100] YE J, WANG L, LI G, et al. Learning Compact Recurrent Neural Networks with Block–Term Tensor Decomposition[C]. Proceedings of the IEEE Conference on Computer Vision and Pattern Recognition. IEEE, 2018: 9378–9387.

[101] BO J, DONG L, ZHISONG P, et al. Two–Dimensional Extreme Learning Machine[J]. Mathematical Problems in Engineering, 2015, 2015: 1–8.

[102] SUN S, Zhou B, Zhang F. Extended Extreme Learning Machine for Tensorial

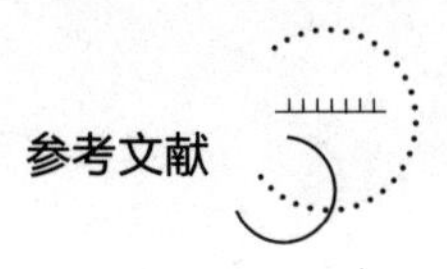

Signal Classification[M].Bio–Inspired Computing–Theories and Applications. Springer, 2014: 420–424.

[103] NAIR N K, ASHARAF S. Tensor Decomposition Based Approach for Training Extreme Learning Machines[J]. Big Data Research, 2017(10): 8–20.

[104] HUANG S, ZHAO G, CHEN M. Tensor Extreme Learning Design via Generalized Moore–Penrose Inverse and Triangular Type–2 Fuzzy Sets[J]. Neural Computing and Applications, 2018: 1–11.

[105] KOSSAIFI J, KHANNA A, LIPTON Z, et al. Tensor Contraction Layers for Parsimonious Deep Nets[C]. Proceedings of the IEEE Conference on Computer Vision and Pattern Recognition Workshops. IEEE, 2017: 26–32.

[106] HE L, LU C T, MA G, et al. Kernelized Support Tensor Machines[C]. Proceedings of the 34th International Conference on Machine Learning–Volume 70. JMLR, 2017: 1442–1451.

[107] YE Y. A Nonlinear Kernel Support Matrix Machine for Matrix Learning[J]. International Journal of Machine Learning and Cybernetics, 2017: pp1–14.

[108] FANAEE T H, GAMA J. Tensor–Based Anomaly Detection: An Interdisciplinary Survey[J]. Knowledge–Based Systems, 2016, 98: 130–147.

[109] GUO J, CHEN H, LI Y. MPCA Fault Detection Method Based on Multiblock Statistics for Uneven–Length Batch Processes[J]. Journal of Computational Information Systems, 2013, 9(18): 7181–7190.

[110] WISE B M, GALLAGHER N B, MARTIN E B. Application of PARAFAC2 to Fault Detection and Diagnosis in Semiconductor Etch[J]. Journal of Chemometrics: A Journal of the Chemometrics Society, 2001, 15(4): 285–298.

[111] WISE B M, GALLAGHER N B, BUTLER S W, et al. A Comparison of Principal Component Analysis, Multiway Principal Component Analysis, Trilinear Decomposition and Parallel Factor Analysis for Fault Detection in a Semiconductor Etch Process[J]. Journal of Chemometrics, 1999, 13(3/4): 379–396.

[112] MACGREGOR N J F. Multivariate SPC Charts for Monitoring Batch Processes[J]. Technometrics, 1995, 37(1): 41–59.

[113] KOURTI T, NOMIKOS P, MACGREGOR J F. Analysis, Monitoring and Fault Diagnosis of Batch Processes Using Multiblock and Multiway PLS[J]. Journal of Process Control, 1995, 5(4): 277–284.

[114] CHEN J, YEN J H. Three-Way Data Analysis with Time Lagged Window for On-Line Batch Process Monitoring[J]. Korean Journal of Chemical Engineering, 2003, 20(6): 1000–1011.

[115] ZHI F W, JING Q Y. Online Supervision of Penicillin Cultivations Based on Rolling MPCA[J]. 中国化学工程学报 (英文版), 2007, 15(1): 92–96.

[116] HU K, YUAN J. Batch Process Monitoring with Tensor Factorization[J]. Journal of Process Control, 2009, 19(2): 288–296.

[117] SINGH K P, BASANT N, Malik A, et al. Multi-Way Modeling of Wastewater Data for Performance Evaluation of Sewage Treatment Plant-A Case Study[J]. Chemometrics & Intelligent Laboratory Systems, 2009, 95(1): 18–30.

[118] MORI J, YU J. Quality Relevant Nonlinear Batch Process Performance Monitoring Using a Kernel Based Multiway Non-Gaussian Latent Subspace Projection Approach[J]. Journal of Process Control, 2014, 24(1): 57–71.

[119] LEE J M, YOO C K, LEE I B. On-Line Batch Process Monitoring Using a Consecutively Updated Multiway Principal Component Analysis Model[J]. Computers & Chemical Engineering, 2003, 27(12): 1903–1912.

[120] YOO C K, LEE J M, Vanrolleghem P A, et al. Online Monitoring of Batch Processes Using Multiway Independent Component Analysis[J]. Chemometrics and Intelligent Laboratory Systems, 2004, 71(2): 151–163.

[121] ACAR E, BINGOL C A, BINGOL H, et al. Seizure Recognition on Epilepsy Feature Tensor[C]. the 29th Annual International Conference of the IEEE Engineering in Medicine and Biology Society. IEEE, 2007: 4273–4276.

[122] DAN C, LI X, WANG L, et al. Fast and Scalable Multi-Way Analysis of Massive Neural Data[J]. IEEE Transactions on Computers, 2015, 64(3): 707–719.

[123] MIWAKEICHI F, VALDES-SOSA P A, Aubert-Vazquez E, et al. Decomposing Eeg Data into Space-Time-Frequency Components Using Parallel Factor Analysis and its Relation with Cerebral Blood Flow[C]. International Conference on Neural Information Processing. Springer, 2007: 802–810.

[124] MØRUP M, HANSEN L K, HERRMANN C S, et al. Parallel Factor Analysis as an Exploratory Tool for Wavelet Transformed Event-Related EEG[J]. Neuroimage, 2006, 29(3): 938–947.

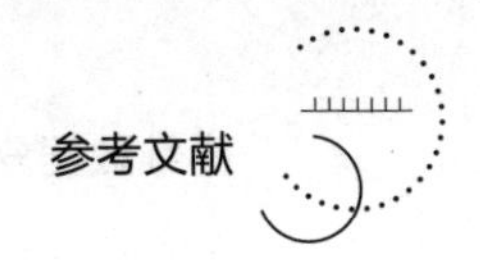

[125] ANDERSEN A H, RAYENS W S. Structure–Seeking Multilinear Methods for the Analysis of fMRI Data[J]. Neuroimage, 2004, 22(2): 728–739.

[126] BECKMANN C F, SMITH S M. Tensorial Extensions of Independent Component Analysis for Multisubject FMRI Analysis.[J]. Neuroimage, 2005, 25(1): 294–311.

[127] XIONG L, CHEN X, HUANG T K, et al. Temporal Collaborative Filtering with Bayesian Probabilistic Tensor Factorization[C]. Proceedings of the SIAM International Conference on Data Mining. Society for Industrial and Applied Mathematics, 2010: 211–222.

[128] SALAKHUTDINOV R, MNIH A. Bayesian Probabilistic Matrix Factorization Using Markov Chain Monte Carlo[C]. Proceedings of the 25th International Conference on Machine Learning. ACM, 2008: 880–887.

[129] KARATZOGLOU A, AMATRIAIN X, BALTRUNAS L, et al. Multiverse Recommendation: N–Dimensional Tensor Factorization for Context–Aware Collaborative Filtering[C]. Proceedings of the Fourth ACM Conference on Recommender Systems. ACM, 2010: 79–86.

[130] RENDLE S. Factorization Machines[C]. IEEE International Conference on Data Mining. IEEE, 2010: 995–1000.

[131] RENDLE S, SCHMIDT–THIEME L. Pairwise Interaction Tensor Factorization for Personalized Tag Recommendation[C]. Proceedings of the Third ACM International Conference on Web Search and Data Mining. ACM, 2010: 81–90.

[132] MAO H H, WU C J, PAPALEXAKIS E E, et al. MalSpot: Multi 2 Malicious Network Behavior Patterns Analysis[C]. Pacific–Asia Conference on Knowledge Discovery and Data Mining. Springer, Cham, 2014: 1–14.

[133] KIM H, LEE S, MA X, et al. Higher–Order PCA for Anomaly Detection in Large–Scale Networks[C]. The 3rd IEEE International Workshop on Computational Advances in Multi–Sensor Adaptive Processing. IEEE, 2009: 85–88.

[134] MARUHASHI K, GUO F, FALOUTSOS C. Multiaspectforensics: Pattern Mining on Large–Scale Heterogeneous Networks with Tensor Analysis[C]. International Conference on Advances in Social Networks Analysis and Mining. IEEE, 2011: 203–210.

[135] SUN J, TAO D, FALOUTSOS C. Beyond Streams and Graphs: Gynamic Tensor Analysis[C]. Proceedings of the 12th International Conference on Knowledge Discovery and Data Mining. ACM, 2006: 374–383.

[136] KOUTRA D, PAPALEXAKIS E E, FALOUTSOS C. Tensorsplat: Spotting Latent Anomalies in Time[C]. The 16th Panhellenic Conference on Informatics. IEEE, 2012: 144–149.

[137] PAPALEXAKIS E E, FALOUTSOS C, SIDIROPOULOS N D. Parcube: Sparse Parallelizable Tensor Decompositions[C]. Joint European Conference on Machine Learning and Knowledge Discovery in Databases. Springer, 2012: 521–536.

[138] KOLDA T G, SUN J. Scalable Tensor Decompositions for Multi–Aspect Data Mining[C]. Eighth IEEE International Conference on Data Mining. IEEE, 2008: 363–372.

[139] BADER B W, HARSHMAN R A, KOLDA T G. Temporal Analysis of Semantic Graphs Using ASALSAN[C].Seventh IEEE International Conference on Data Mining. IEEE, 2007: 33–42.

[140] SUN J, PAPADIMITRIOU S, PHILIP S Y. Window–Based Tensor Analysis on High–Dimensional and Mmulti–Aspect Streams[C].Sixth International Conference on Data Mining. IEEE, 2006: 1076–1080.

[141] SUN J, TAO D, PAPADIMITRIOU S, et al. Incremental Tensor Analysis: Theory and Applications[J]. ACM Transactions on Knowledge Discovery from Data, 2008, 2(3): 11–37.

[142] SHI L, GANGOPADHYAY A, JANEJA V P. STenSr: Spatio–Temporal Tensor Streams for Anomaly Detection and Pattern Discovery[J]. Knowledge & Information Systems, 2015, 43(2): 333–353.

[143] HAYASHI K, TAKENOUCHI T, SHIBATA T, et al. Exponential Family Tensor Factorization for Missing–Values Prediction and Anomaly Detection[C]. IEEE International Conference on Data Mining. IEEE, 2010: 216–225.

[144] RENARD N, BOURENNANE S. Improvement of Target Detection Methods by Multiway Filtering[J]. IEEE Transactions on Geoscience and Remote Sensing, 2008, 46(8): 2407–2417.

[145] MAKANTASIS K, DOULAMIS A, DOULAMIS N, et al. Tensor–Based

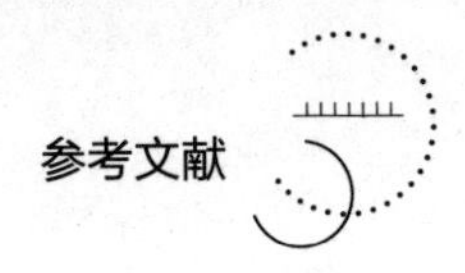

Classifiers for Hyperspectral Data Analysis[J]. arXiv preprint arXiv: 1709.08164, 2017.

[146] RENARD N, BOURENNANE S. Dimensionality Reduction Based on Tensor Modeling for Classification Methods[J]. IEEE Transactions on Geoscience and Remote Sensing, 2009, 47(4): 1123–1131.

[147] ZHANG Q, WANG H, PLEMMONS R J, et al. Tensor Methods for Hyperspectral Data Analysis: a Space Object Material Identification Study[J]. Journal of The Optical Society of America A–optics Image Science and Vision, 2008, 25(12): 3001–3012.

[148] ZHANG L, ZHANG L, TAO D, et al. A Multifeature Tensor for Remote–Sensing Target Recognition[J]. IEEE Geoscience and Remote Sensing Letters, 2011, 8(2): 374–378.

[149] MU Y, DING W, MORABITO M, et al. Empirical Discriminative Tensor Analysis for Crime Forecasting[C]. International Conference on Knowledge Science, Engineering and Management. Springer, 2011: 293–304.

[150] WANG Y, ZHENG Y, XUE Y. Travel Time Estimation of a Path Using Sparse Trajectories[C]. Proceedings of the 20th International Conference on Knowledge Discovery and Data Mining. ACM, 2014: 25–34.

[151] ZHENG Y, LIU T, WANG Y, et al. Diagnosing New York City' s Noises with Ubiquitous Data[C]. Proceedings of the 2014 ACM International Joint Conference on Pervasive and Ubiquitous Computing. ACM, 2014: 715–725.

[152] ZHANG F, YUAN N J, WILKIE D, et al. Sensing the Pulse of Urban Refueling Behavior: A Perspective from Taxi Mobility[J]. ACM Transactions on Intelligent Systems and Technology, 2015, 6(3): 14–37.

[153] SIDIROPOULOS N D, DE LATHAUWER L, Fu X, et al. Tensor Decomposition for Signal Processing and Machine Learning[J]. IEEE Transactions on Signal Processing, 2017, 65(13): 3551–3582.

[154] SIDIROPOULOS N D, KYRILLIDIS A. Multi–Way Compressed Sensing for Sparse Low–Rank Tensors[J]. IEEE Signal Processing Letters, 2012, 19(11): 757–760.

[155] PENG W, LI T. Temporal Relation Co–Clustering on Directional Social Network and Author–Topic Evolution[J]. Knowledge and Information Systems, 2011, 26(3): 467–486.

[156] XU Z, YAN F, QI Y. Bayesian Nonparametric Models for Multiway Data Analysis[J]. IEEE Transactions on Pattern Analysis & Machine Intelligence, 2015, 37(2): 475–487.

[157] AKOGLU L, TONG H, KOUTRA D. Graph Based Anomaly Detection and Description: a Survey[J]. Data Mining and Knowledge Discovery, 2015, 29(3): 626–688.

[158] PAPALEXAKIS E, PELECHRINIS K, FALOUTSOS C. Spotting Misbehaviors in Location–Based Social Networks Using Tensors[C]. Proceedings of the 23rd International Conference on World Wide Web. ACM, 2014: 551–552.

[159] GAUVIN L, PANISSON A, CATTUTO C. Detecting the Community Structure and Activity Patterns of Temporal Networks: a Non–Negative Tensor Factorization Approach[J]. PloS One, 2014, 9(1): 28.

[160] MÁRCIA Oliveira, João Gama. Visualization of Evolving Social Networks Using Actor–Level and Community–Level Trajectories[J]. Expert Systems, 2012, 30(4): 306–319.

[161] HO J C, GHOSH J, SUN J. Marble: High–Throughput Phenotyping from Electronic Health Records via Sparse Nonnegative Tensor Factorization[C]. Proceedings of the 20th International Conference on Knowledge Discovery and Data Mining. ACM, 2014: 115–124.

[162] HO J C, GHOSH J, STEINHUBL S R, et al. Limestone: High–Throughput Candidate Phenotype Generation via Tensor Factorization[J]. Journal of Biomedical Informatics, 2014, 52: 199–211.

[163] LI Y, NGOM A. Non–Negative Matrix and Tensor Factorization Based Classification of Clinical Microarray Gene Expression Data[C]. The International Conference on Bioinformatics and Biomedicine. IEEE, 2010: 438–443.

[164] FANAEE T H, GAMA J. Eigenevent: an Algorithm for Event Detection from Complex Data Streams in Syndromic Surveillance[J]. Intelligent Data Analysis, 2015, 19(3): 597–616.

[165] FANAEE–T H, GAMA J. An Eigenvector–Based Hotspot Detection[J/OL]. (2014–06–14) [2019–06–12]. https://arxiv.org/abs/1406.3191.

[166] WANG J, GAO F, CUI P, et al. Discovering Urban Spatio–Temporal Structure

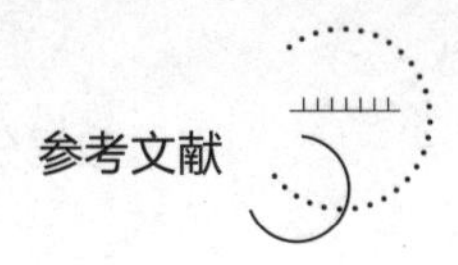

from Time–Evolving Traffic Networks[C]. Asia–Pacific Web Conference. Springer, 2014: 93–104.

[167] FANAEE T H, GAMA J. Event Detection from Traffic Tensors: A Hybrid Model[J]. Neurocomputing, 2016, 203: 22–33.

[168] TAN H, FENG J, FENG G, et al. Traffic Volume Data Outlier Recovery via Tensor Model[J]. Mathematical Problems in Engineering, 2013, 9: 12–23.

[169] T TAN H, FENG G, FENG J, et al. A Tensor–Based Method for Missing Traffic Data Completion[J]. Transportation Research Part C: Emerging Technologies, 2013, 28: 15–27.

[170] NION D, MOKIOS K N, SIDIROPOULOS N D, et al. Batch and Adaptive PARAFAC–Based Blind Separation of Convolutive Speech Mixtures[J]. IEEE Transactions on Audio, Speech, and Language Processing, 2009, 18(6): 1193–1207.

[171] LIU J, MUSIALSKI P, WONKA P, et al. Tensor Completion for Estimating Missing Values in Visual Data[J]. IEEE Transactions on Pattern Analysis and Machine Intelligence, 2012, 35(1): 208–220.

[172] VASILESCU M A O, TERZOPOULOS D. Multilinear Analysis of Image Ensembles: Tensorfaces[C]. European Conference on Computer Vision. Springer, 2002: 447–460.

[173] TAO D, SONG M, LI X, et al. Bayesian Tensor Approach for 3–D Face Modeling[J]. IEEE Transactions on Circuits and Systems for Video Technology, 2008, 18(10): 1397–1410.

[174] KOLDA T G, BADER B W, KENNY J P. Higher–Order Web Link Analysis Using Multilinear Algebra[C].Fifth IEEE International Conference on Data Mining. IEEE, 2005: 8–16.

[175] SUN J T, ZENG H J, LIU H, et al. Cubesvd: a Novel Approach to Personalized Web Search[C].Proceedings of the 14th International Conference on World Wide Web. ACM, 2005: 382–390.

[176] AGRAWAL R, GOLSHAN B, PAPALEXAKIS E. A Study of Distinctiveness in Web Results of Two Search Engines[C]. Proceedings of the 24th International Conference on World Wide Web. ACM, 2015: 267–273.

[177] CHEW P A, BADER B W, KOLDA T G, et al. Cross–Language Information Retrieval Using PARAFAC2[C]. Proceedings of the 13th International

Conference on Knowledge Discovery and Data Mining. ACM, 2007: 143–152.

[178] KANG U, PAPALEXAKIS E, HARPALE A, et al. Gigatensor: Scaling Tensor Analysis Up by 100 Times–Algorithms and Discoveries[C].Proceedings of the 18th International Conference on Knowledge Discovery and Data Mining. ACM, 2012: 316–324.

[179] JEON I, PAPALEXAKIS E E, KANG U, et al. Haten2: Billion–Scale Tensor Decompositions[C]. The 31st International Conference on Data Engineering. IEEE, 2015: 1047–1058.

[180] NICKEL M, TRESP V, KRIEGEL H P. Factorizing Yago: Scalable Machine Learning for Linked Data[C].Proceedings of the 21st International Conference on World Wide Web. ACM, 2012: 271–280.

[181] CHANG K W, YIH W, MEEK C. Multi–Relational Latent Semantic Analysis[C]. Proceedings of the Conference on Empirical Methods in Natural Language Processing. 2013: 1602–1612.

[182] HUANG F, NIRANJAN U N, HAKEEM M U, et al. Fast Detection of Overlapping Communities via Online Tensor Methods[J]. arXiv preprint arXiv: 1309.0787, 2013.

[183] BAI Y, TEZCAN J, CHENG Q, et al. A Multiway Model for Predicting Earthquake Ground Motion[C]. The 14th International Conference on Software Engineering, Artificial Intelligence, Networking and Parallel/Distributed Computing. IEEE, 2013: 219–224.

[184] LEIBOVICI D G. Spatio–Temporal Multiway Data Decomposition Using Principal Tensor Analysis on k–Modes: The R Package PTAk[J]. Journal of Statistical Software, 2010, 34(1): 1–34.

[185] LEIBOVICI D, QUILLEVERE G, Desconnets J C. A Method to Classify Ecoclimatic Arid and Semiarid Zones in Circum–Saharan Africa Using Monthly Dynamics of Multiple Indicators[J]. IEEE Transactions on Geoscience and Remote Sensing, 2007, 45(12): 4000–4007.

[186] UNKEL S, HANNACHI A, TRENDAFILOV N T, et al. Independent Component Analysis for Three–Way Data with an Application from Atmospheric Science[J]. Journal of Agricultural, Biological, and Environmental Statistics, 2011, 16(3): 319–338.

[187] YU J. Multiway Discrete Hidden Markov Model–Based Approach for

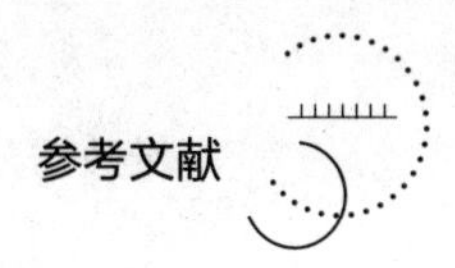

Dynamic Batch Process Monitoring and Fault Classification[J]. AIChE Journal, 2012, 58(9): 2714–2725.

[188] ZHOU H, LI L, ZHU H. Tensor Regression with Applications in Neuroimaging Data Analysis[J]. Journal of the American Statistical Association, 2013, 108(502): 540–552.

[189] HOFF, PETER D. Multilinear Tensor Regression for Longitudinal Relational Data [J]. The Annals of Applied Statistics, 2015, 9(3): 1169–1193.

[190] LI X, XU D, ZHOU H, et al. Tucker Tensor Regression and Neuroimaging Analysis[J]. Statistics in Biosciences, 2018, 10(3): 520–545.

[191] YU R, LIU Y. Learning from Multiway Data: Simple and Efficient Tensor Regression [C]. International Conference on Machine Learning.IEEE, 2016: 373–381.

[192] CICHOCKI A, LEE N, OSELEDETS I, et al. Tensor Networks for Dimensionality Reduction and Large-Scale Optimization: Part 1 Low-Rank Tensor Decompositions[J]. Foundations and Trends in Machine Learning, 2016, 9(4–5): 249–429.

[193] M. HOU. Tensor-Based Regression Models and Applications[D].Quebec: University Laval, 2017.

[194] LU C. A library of ADMM for sparse and low-rank optimization[J]. Methodology, 2006, 68(1): 49–67.

[195] ZHAO Q, ZHANG L, CICHOCKI A. Bayesian CP Factorization of Incomplete Tensors with Automatic Rank Determination[J]. IEEE Transactions on Pattern Analysis and Machine Intelligence, 2015, 37(9): 1751–1763.

[196] INOUE K, HARA K, URAHAMA K. Robust Multilinear Principal Component Analysis[C].The 12th International Conference on Computer Vision. IEEE, 2009: 591–597.

[197] ZHANG C, FU H, LIU S, et al. Low-Rank Tensor Constrained Multiview Subspace Clustering[C]. Proceedings of the International Conference on Computer Vision. IEEE, 2015: 1582–1590.

[198] YU R, LIU Y. Learning from Multiway Data: Simple and Efficient Tensor Regression[C]. International Conference on Machine Learning. IEEE, 2016: 373–381.

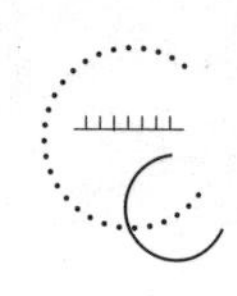

[199] RABUSSEA, H. Kadri. Higher-Order Low-Rank Regression[J]. arXiv preprint arXiv: 1602.06863, 2016.

[200] SUN W W, LI L. Sparse Low-Rank Tensor Response Regression[J]. Journal of Machine Learning Research, 2016, 18: 236-248.

[201] LUO L, XIE Y, ZHANG Z, et al. Support Matrix Machines[C]. The International Conference on Machine Learning, IEEE, 2015: 938-947.

[202] DEBALS O, DE LATHAUWER L. Stochastic and Deterministic Tensorization for Blind Signal Separation[C]. International Conference on Latent Variable Analysis and Signal Separation. Springer, 2015: 3-13.

[203] OLIVIERI, ALEJANDRO C. Analytical Advantages of Multivariate Data Processing. One, Two, Three, Infinity[J]. Analytical Chemistry, 2008, 80(15): 5713-5720.

[204] DOLGOV S, KHOROMSKIJ B. Two-level QTT-Tucker Format for Optimized Tensor Calculus[J]. Siam Journal on Matrix Analysis & Applications, 2013, 34(2): 593-623.

[205] OSELEDETS I V, DOLGOV S V. Solution of Linear Systems and Matrix Inversion in the TT-Format[J]. Siam Journal on Scientific Computing, 2012, 34(5): A2718-A2739.

[206] OSELEDETS I V. Tensor-Train Decomposition[J]. SIAM Journal on Scientific Computing, 2011, 33(5): 2295-2317.

[207] NEWMAN E, HORESH L, AVRON H, et al. Stable Tensor Neural Networks for Rapid Deep Learning[J]. arXiv preprint arXiv: 1811.06569, 2018.

[208] KOSSAIFI J, BULAT A, TZIMIROPOULOS G, et al. T-Net: Parametrizing Fully Convolutional Nets with a Single High-Order Tensor[J]. arXiv preprint arXiv: 1904.02698, 2019.

[209] LIU B, HE L, LI Y, et al. NeuralCP: Bayesian Multiway Data Analysis with Neural Tensor Decomposition[J]. Cognitive Computation, 2018, 10(6): 1051-1061.

[210] ZHE S, XING W, KIRBY R M. Scalable High-Order Gaussian Process Regression[C].The 22nd International Conference on Artificial Intelligence and Statistics. 2019: 2611-2620.

[211] PAN Y, XU J, WANG M, et al. Compressing Recurrent Neural Networks with Tensor Ring for Action Recognition[J]. arXiv preprint arXiv: 1811.07503,

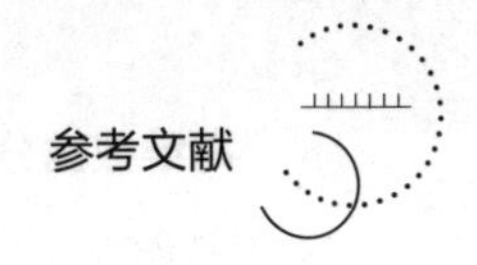

2018.

[212] CHEN C, BATSELIER K, CHING-YUN K, et al.A Support Tensor Train Machine[J]. arXiv preprint arXiv: 1804.06114, 2018.

[213] LU W, LIU X Y, WU Q, et al. Transform-Based Multilinear Dynamical System for Tensor Time Series Analysis[J]. arXiv preprint arXiv: 1811.07342, 2018.

[214] HE L, LIU B, LI G, et al. Knowledge Base Completion by Variational Bayesian Neural Tensor Decomposition[J]. Cognitive Computation, 2018, 10(6): 1075-1084.

[215] YUAN J, ZHENG Y, ZHANG C, et al. An Interactive-Voting Based Map Matching Agorithm[C]. Proceedings of the Eleventh International Conference on Mobile Data Management. IEEE Computer Society, 2010: 43-52.

[216] GUO X, HUANG X, ZHANG L, et al. Support Tensor Machines for Classification of Hyperspectral Remote Sensing Imagery[J]. IEEE Transactions on Geoscience and Remote Sensing, 2016, 54(6): 3248-3264.

[217] WANG Y, CHEN R, GHOSH J, et al. Rubik: Knowledge Guided Tensor Factorization and Completion for Health Data Analytics[C]. Proceedings of the 21th International Conference on Knowledge Discovery and Data Mining. ACM, 2015: 1265-1274.

[218] SUN J.High-throughput Phenotyping of Electronic Health Records Using Multi-Tensor Factorization[EB/OL].[2018-2-16].http: //www.sunlab.org/research.

[219] DE LATHAUWER L, VANDEWALLE J. Dimensionality reduction in higher-order signal processing and rank-(R1, R2,⋯, RN) reduction in multilinear algebra[J]. Linear Algebra and its Applications, 2004, 391: 31-55.

[220] SCHOLLWÖCK U. The density-matrix renormalization group in the age of matrix product states[J]. Annals of physics, 2011, 326(1): 96-192.

[221] VERSTRAETE F, CIRAC J I. Matrix product states represent ground states faithfully[J]. Physical review b, 2006, 73(9): 094423.

[222] ZHAO Q, ZHOU G, XIE S, et al. Tensor ring decomposition [J]. arXiv preprint arXiv: 1606.05535, 2016.

[223] RABUSSEAU G, KADRI H. Low-rank regression with tensor responses[C].

Advances in Neural Information Processing Systems, 2016, 29: 1867–1875.

[224] SUN W W, LI L. Store: sparse tensor response regression and neuroimaging analysis[J]. The Journal of Machine Learning Research, 2017, 18(1): 4908–4944.

[225] HAO B, WANG B, WANG P, et al. Sparse tensor additive regression [J]. Journal of Machine Learning Research, 2021, 22(64): 1–43.

[226] ZHAO Q, ZHOU G, ADALI T, et al. Kernelization of tensor-based models for multiway data analysis: Processing of multidimensional structured data[J]. IEEE Signal Processing Magazine, 2013, 30(4): 137–148.

[227] KANAGAWA H, SUZUKI T, KOBAYASHI H, et al. Gaussian process nonparametric tensor estimator and its minimax optimality [C]. International Conference on Machine Learning. PMLR, 2016: 1632–1641.

[228] KIA S M, BECKMANN C F, MARQUAND A F. Scalable multi-task Gaussian process tensor regression for normative modeling of structured variation in neuroimaging data[J]. arXiv preprint arXiv: 1808.00036, 2018.

[229] YU R, LI G, LIU Y. Tensor regression meets Gaussian processes[C]. International Conference on Artificial Intelligence and Statistics. PMLR, 2018: 482–490.

[230] HASTIE T J. Generalized additive models [M]. Statistical models in S. Routledge, 2017.

[231] WAHLS S, KOIVUNEN V, POOR H V, et al. Learning multidimensional fourier series with tensor trains[C]. 2014 IEEE Global Conference on Signal and Information Processing (GlobalSIP). IEEE, 2014: 394–398.

[232] BISWAS S K, MILANFAR P. Linear support tensor machine with LSK channels: Pedestrian detection in thermal infrared images[J]. IEEE transactions on image processing, 2017, 26(9): 4229–4242.

[233] CHEN C, BATSELIER K, Ko C Y, et al. A support tensor train machine[C]. International Joint Conference on Neural Networks (IJCNN). IEEE, 2019: 1–8.

[234] CHEN C, BATSELIER K, YU W, et al. Kernelized support tensor train machines [J]. Pattern Recognition, 2022, 122: 108337.

[235] SUN W W, LI L. Dynamic tensor clustering [J]. Journal of the American Statistical Association, 2019, 114(528): 1894–1907

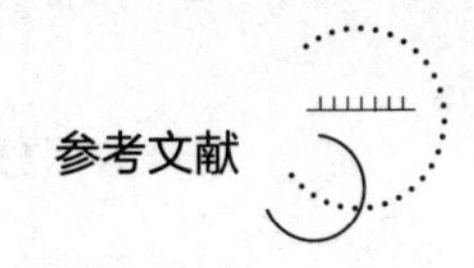

[236] ZHANG C, FU H, LIU S, et al. Low-rank tensor constrained multiview subspace clustering[C]. Proceedings of the IEEE international conference on computer vision. 2015: 1582–1590.

[237] WU T, BENSON A R, GLEICH D F. General tensor spectral co-clustering for higher-order data [J]. Advances in Neural Information Processing Systems, 2016, 29.

[238] WANG J. Consistent selection of the number of clusters via crossvalidation[J]. Biometrika, 2010, 97(4): 893–904.

[239] YUAN M, LIN Y. Model selection and estimation in the Gaussian graphical model[J]. Biometrika, 2007, 94(1): 19–35.

[240] FRIEDMAN J, HASTIE T, Tibshirani R. Sparse inverse covariance estimation with the graphical lasso[J]. Biostatistics, 2008, 9(3): 432–441.

[241] LENG C, TANG C Y. Sparse matrix graphical models[J]. Journal of the American Statistical Association, 2012, 107(499): 1187–1200.

[242] YIN J, LI H. Model selection and estimation in the matrix normal graphical model[J]. Journal of multivariate analysis, 2012, 107: 119–140.

[243] TSILIGKARIDIS T, HERO III A O, ZHOU S. On convergence of kronecker graphical lasso algorithms[J]. IEEE transactions on signal processing, 2013, 61(7): 1743–1755.

[244] ZHOU S. Gemini: Graph estimation with matrix variate normal instances[J]. The Annals of Statistics, 2014, 42(2): 532–562.

[245] SUN W, WANG Z, LIU H, et al. Non-convex statistical optimization for sparse tensor graphical model[J]. Advances in neural information processing systems, 2015, 28.

[246] SIMONYAN K, ZISSERMAN A. Very deep convolutional networks for large-scale image recognition[J]. arXiv preprint arXiv: 1409.1556, 2014.

[247] KRIZHEVSKY A, SUTSKEVER I, HINTON G E. Imagenet classification with deep convolutional neural networks [C]. in Advances in Neural Information Processing Systems 25 (NIPS), 2012, 1097–1105

[248] SIMONYAN K, ZISSERMAN A. Very deep convolutional networks for large-scale image recognition[J]. arXiv preprint arXiv: 1409.1556, 2014.

[249] YE J, LI G, CHEN D, et al. Block-term tensor neural networks [J]. Neural

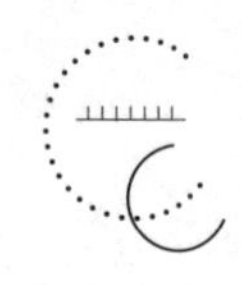

Networks, 2020, 130: 11–21.

[250] KOSSAIFI J, LIPTON Z C, KOLBEINSSON A, et al. Tensor regression networks [J]. The Journal of Machine Learning Research, 2020, 21(1): 4862–4882.

[251] KASIVISWANATHAN S P, NARODYTSKA N, JIN H. Network Approximation using Tensor Sketching[C]. IJCAI. 2018: 2319–2325.

[252] COHEN N, SHARIR O, LEVINE Y, et al. Analysis and design of convolutional networks via hierarchical tensor decompositions[J]. arXiv preprint arXiv: 1705.02302, 2017.

[253] COHEN N, SHARIR O, SHASHUA A. On the expressive power of deep learning: A tensor analysis[C]. Conference on learning theory. PMLR, 2016: 698–728.

[254] ARORA S, GE R, NEYSHABUR B, et al. Stronger generalization bounds for deep nets via a compression approach[C]. International Conference on Machine Learning. PMLR, 2018: 254–263.

[255] LI J, SUN Y, SU J, et al. Understanding generalization in deep learning via tensor methods[C]. International Conference on Artificial Intelligence and Statistics. PMLR, 2020: 504–515.

[256] JANZAMIN M, SEDGHI H, ANANDKUMAR A. Beating the perils of non–convexity: Guaranteed training of neural networks using tensor methods[J]. arXiv preprint arXiv: 1506.08473, 2015.

[257] GE R, LEE J D, MA T. Learning one–hidden–layer neural networks with landscape design[J]. arXiv preprint arXiv: 1711.00501, 2017.

[258] MONDELLI M, MONTANARI A. On the connection between learning two–layer neural networks and tensor decomposition[C]. The 22nd International Conference on Artificial Intelligence and Statistics. PMLR, 2019: 1051–1060.

[259] BADER B W, KOLDA, et al.Algorithm 862: MATLAB tensor classes for fast algorithm prototyping[J/OL].ACM Trans. Math. Softw. 2006 32(4), 635–653. https: //doi.org/10.1145/1186785.1186794.

[260] BADER B W, KOLDA, et al.Efficient MATLAB computations with sparse and factored tensors[J/OL].SIAM J. Sci. Comput. 2007, 30(1), 205–231. https: //doi.org/10.1137/060676489.

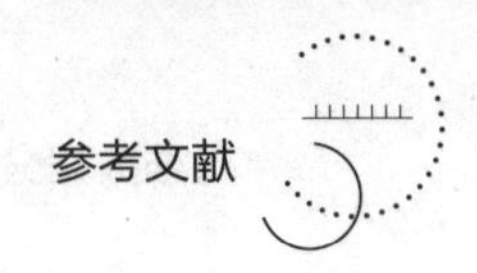

[261] BADER B W, KOLDA, et al.Matlab tensor toolbox version 3.1. 2019. https: // www.tensortoolbox.org.

[262] KOSSAIFI J, PANAGAKIS, et al.Tensorly: tensor learning in python. J.Mach. Learn. Res. 2019, 20(26), 1–6.

[263] BALLESTER–RIPOLL R, PAREDES, et al.Sobol tensor trains for global sensitivity analysis. Reliab. Eng. Syst. Saf. 2019, 183, 311–322.

[264] CONSTANTINE P G, ZAHARATOS, et al.Discovering an active subspace in a singlediode solar cell model. Stat. Anal. Data Min. ASA Data Sci. J. 2015, 8(5–6), 264–273.

[265] CICHOCKI A, MANDIC, et al.Tensor decompositions for signal processing applications: from two–way to multiway component analysis. IEEE Signal Process. Mag. 2015, 32(2), 145–163.

[266] SORBER L, BAREL, et al.Numerical solution of bivariate and polyanalytic polynomial systems. SIAM J. Numer. Anal. 52(4), 2014, 1551–1572.

[267] SORBER L, DOMANOV, et al.Exact line and plane search for tensor optimization. Comput. Optim. Appl. 2016, 63(1), 121–142.

[268] SMITH S, KARYPIS, et al.The surprisingly parallel spArse tensor toolkit.201, http: //cs.umn.edu/~splatt/.

[269] JANNACH D, RESNICK, et al.Recommender systems—beyond matrix completion. Commun. ACM, 2016, 59(11), 94–102.

[270] KANG Z, PENG C, CHENG Q. Top–n recommender system via matrix completion[C]. Proceedings of the AAAI Conference on Artificial Intelligence. 2016, 30(1).

[271] FAN J, CHENG J. Matrix completion by deep matrix factorization[J]. Neural Networks, 2018, 98: 34–41.

[272] HU Y, ZHANG D, YE J, et al. Fast and accurate matrix completion via truncated nuclear norm regularization[J]. IEEE transactions on pattern analysis and machine intelligence, 2012, 35(9): 2117–2130.

[273] LONG Z, LIU Y, CHEN L, et al. Low rank tensor completion for multiway visual data[J]. Signal processing, 2019(155): 301–316.

[274] ASIF M T, MITROVIC N, GARG L, et al. Low–dimensional models for missing data imputation in road networks[C]. 2013 IEEE International

Conference on Acoustics, Speech and Signal Processing. IEEE, 2013: 3527–3531.

[275] BENGUA J A, PHIEN H N, TUAN H D, et al. Efficient tensor completion for color image and video recovery: Low–rank tensor train[J]. IEEE Transactions on Image Processing, 2017, 26(5): 2466–2479.

[276] HUANG H, LIU Y, LIU J, et al. Provable tensor ring completion[J]. Signal Processing, 2020, 171: 107486.

[277] HUANG H, LIU Y, LONG Z, et al. Robust low–rank tensor ring completion[J]. IEEE Transactions on Computational Imaging, 2020(6): 1117–1126.

[278] LONG Z, ZHU C, LIU J, et al. Bayesian low rank tensor ring for image recovery[J]. IEEE Transactions on Image Processing, 2021(30): 3568–3580.

[279] WANG W, AGGARWAL V, AERON S. Efficient low rank tensor ring completion[C]. Proceedings of the IEEE International Conference on Computer Vision. 2017: 5697–5705.

[280] BENGUA J A, PHIEN H N, TUAN H D, et al. Efficient tensor completion for color image and video recovery: Low–rank tensor train[J]. IEEE Transactions on Image Processing, 2017, 26(5): 2466–2479.

[281] LIU Y, LONG Z, ZHU C. Image completion using low tensor tree rank and total variation minimization[J]. IEEE Transactions on Multimedia, 2018, 21(2): 338–350.

[282] ASHRAPHIJUO M, WANG X. Fundamental conditions for low–CP–rank tensor completion [J]. The Journal of Machine Learning Research, 2017, 18(1): 2116–2145.

[283] MU C, HUANG B, WRIGHT J, et al. Square deal: Lower bounds and improved relaxations for tensor recovery[C]. International conference on machine learning. PMLR, 2014: 73–81.

[284] ASHRAPHIJUO M, WANG X. Characterization Of sampling patterns for low–tt–rank tensor retrieval[J]. Annals of Mathematics and Artificial Intelligence, 2020, 88(8): 859–886.

[285] ASHRAPHIJUO M, WANG X, ZHANG J. Low–rank data completion with very low sampling rate using Newton's method[J]. IEEE Transactions on Signal Processing, 2019, 67(7): 1849–1859.

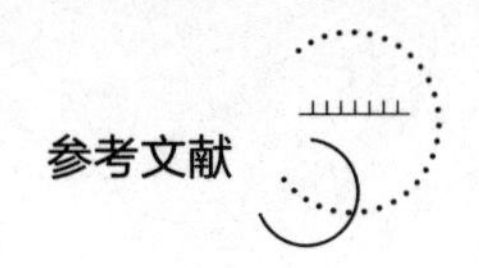

[286] XU Y, YIN W. A block coordinate descent method for regularized multiconvex optimization with applications to nonnegative tensor factorization and completion[J]. SIAM Journal on imaging sciences, 2013, 6(3): 1758–1789.

[287] YANG B, YIH W, HE X, et al. Embedding entities and relations for learning and inference in knowledge bases[J]. arXiv preprint arXiv: 1412.6575, 2014.

[288] CONN A R, GOULD N I M, TOINT P L. Trust region methods[M]. Society for Industrial and Applied Mathematics, 2000.

[289] LIU Y, LIU J, LONG Z, et al. Tensor computation for data analysis[M]. Berlin: Springer, 2022.

[290] MORÉ J J. The Levenberg–Marquardt algorithm: implementation and theory[M]//Numerical analysis. Springer, Berlin, Heidelberg, 1978: 105–116.

[291] ALMUTAIRI F M, SIDIROPOULOS N D, KARYPIS G. Context-aware recommendation-based learning analytics using tensor and coupled matrix factorization[J]. IEEE journal of selected topics in signal processing, 2017, 11(5): 729–741.

[292] ERMIS B, ACAR E, CEMGIL A T. Link prediction in heterogeneous data via generalized coupled tensor factorization[J]. Data Mining and Knowledge Discovery, 2015, 29(1): 203–236.

[293] CHATZICHRISTOS C, DAVIES M, ESCUDERO J, et al. Fusion of EEG and fMRI via soft coupled tensor decompositions[C]. 26th European Signal Processing Conference (EUSIPCO). IEEE, 2018: 56–60.

[294] ACAR E, RASMUSSEN M A, SAVORANI F, et al. Understanding data fusion within the framework of coupled matrix and tensor factorizations[J]. Chemometrics and Intelligent Laboratory Systems, 2013, 129: 53–63.

[295] SØRENSEN M, DE LATHAUWER L. Coupled tensor decompositions for applications in array signal processing[C]. 5th IEEE International Workshop on Computational Advances in Multi-Sensor Adaptive Processing (CAMSAP). IEEE, 2013: 228–231.

[296] ŞIMŞEKLI U, YILMAZ Y K, CEMGIL A T. Score guided audio restoration via generalised coupled tensor factorisation[C]. IEEE International Conference on Acoustics, Speech and Signal Processing (ICASSP). IEEE, 2012: 5369–5372.

[297] LIKA B, KOLOMVATSOS K, HADJIEFTHYMIADES S. Facing the cold

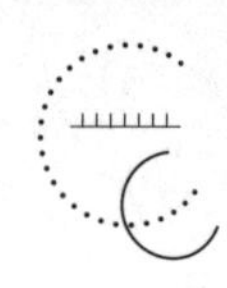

start problem in recommender systems[J]. Expert systems with applications, 2014, 41(4): 2065–2073.

[298] BAHARGAM S, PAPALEXAKIS E E. Constrained coupled matrix–tensor factorization and its application in pattern and topic detection[C]. IEEE/ACM International Conference on Advances in Social Networks Analysis and Mining (ASONAM). IEEE, 2018: 91–94.

[299] SØRENSEN M, DOMANOV I, DE LATHAUWER L. Coupled canonical polyadic decompositions and (coupled) decompositions in multilinear rank–(L_r, n, L_r, n, 1) terms–––part II: Algorithms[J]. SIAM Journal on Matrix Analysis and Applications, 2015, 36(3): 1015–1045.

[300] ACAR E, NILSSON M, SAUNDERS M. A flexible modeling framework for coupled matrix and tensor factorizations[C]. 22nd European Signal Processing Conference (EUSIPCO). IEEE, 2014: 111–115.

[301] YU J, LI C, ZHAO Q, et al. Tensor–ring nuclear norm minimization and application for visual: Data completion[C].ICASSP 2019–2019 IEEE international conference on acoustics, speech and signal processing (ICASSP). IEEE, 2019: 3142–3146.

[302] WANG W, AGGARWAL V, AERON S. Efficient low rank tensor ring completion[C]. Proceedings of the IEEE International Conference on Computer Vision. 2017: 5697–5705.

附录　张量软件

张量数据广泛存在于许多数据处理应用中，许多领域都需要能够直接执行基于张量的机器学习的软件。经过多年的开发，在不同的平台上有各种软件包。在这里，我们将现有的软件包和详情汇总于附表 1–1。Python 和 MATLAB 是这些软件包的两个主要平台。TensorLy [262] 和 tntorch[27,263,264] 用于 Python，Tensor toolbox [259–261]、N–way toolbox、tensorbox 和 Tensorlab[265–267] 用于 MATLAB。还有 C、C++ 和 OpenMP 中的软件包，如 emptensor 和 SPLATT [268]。

这些软件包不仅针对不同的平台开发，而且侧重于不同的特定领域。大多数现有的软件包可以完成基本的张量运算和分解。除此之外，tntorch 和 hottbox 还可以解决张量回归、分类和统计分析问题；Tensor toolbox 和 Tensorlab 可以处理结构化张量；可以解决数据融合问题；通过 Tensorlab，可以对 tntorch 进行灵敏度分析。根据附表 1–1，值得注意的是，没有集成所有操作的包一起在一个平台上 [289]。为了实现不同的目标，需要转向不同的平台并参考相应的用户手册。

附表1–1　不同的张量软件及其用户手册

名称	软件平台	用户手册	应用
Tensor toolbox	matlab	Embedded in Matlab	Basic operations (matricization, multiplication, etc.) and decompositions (mainly focus on CP, Tucker) on tense/sparse/symmetrical/structural tensor
Tensorlab	matlab		Detailed decomposition algorithm (CP, Tucker, BTD) of tensor; tensor fusion algorithm and examples
TDALAB	matlab		CP, Tucker, BCD, MBSS, MPF Application: Tucker discriminant analysis and cluster analysis

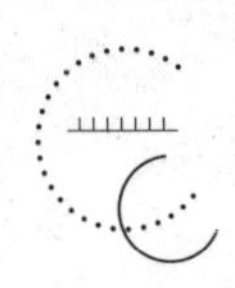

续表

名称	软件平台	用户手册	应用
HT toolbox	matlab	N/A	Code construction and experimental operations for hierarchical Tucker decomposition
TT toolbox	matlab		Basic operations on tensor train decomposition (matricization, rounding, low-rank approximation)
N-way toolbox	matlab	N/A	PARAFAC, Tucker, N-PLS, GRAM, and TLD
TTeMPS	matlab	N/A	Basic operation of tensor train and low-rank algorithm, especially Riemann optimization
TensorLy	Python		Tensor decomposition (CP, Tucker); tensor regression; tensor regression layer network
tntorch	Python		Tensor decomposition (CP, Tucker, mixing mode); tensor completion; tensor classification; tensor subspace learning; global sensitivity analysis; optimization
TensorD	Python		Tensor decomposition (CP, Tucker, NCP,NTucker)
hottbox	Python		Tensor decomposition (CP, Tucker, TT); ensemble learning; tensor classification (LS-STM)
iTensor	C++		Matrix product state, tensor network state calculation, tensor chain basic operation; block sparse tensor representation
cuTensor	C++		Fast calculation of t-SVD-related operations
mptensor	C++		Basic tensor operations (tensor transpose, tensor slice, tensor singular value decomposition, QR decomposition, tensor matrix multiplication); high-order tensor renormalization group algorithm (HO-TRG)